AF346795

DÉFENSE

DE PLUSIEURS OUVRAGES

SUR

L'AGRICULTURE;

OU

RÉPONSE AU LIVRE
intitulé : MANUEL D'AGRICULTURE,
dans lequel M. DE LA SALLE a
attaqué MM. DUHAMEL, TILLET,
& PATTULLO.

Par M. DE LA MARRE.

A PARIS,

Chez H. L. GUÉRIN, & L. F. DELATOUR,
rue S. Jacques, à S. Thomas d'Aquin.

M. DCC. LXV.
Avec Approbation & Privilége du Roi.

TABLE
DES TITRES

Contenus dans cet Ouvrage.

CORRECTIONS ET ADDITIONS.

Page 9. *ligne* 7. satisfaire à une quantité, *lisez* satisfaire une quantité.

P. 18. *l.* 6. considérabe , *lisez* considérable.

P. 51. *l.* 7. Vandusfel , *lisez* Vanduffel.

P. 92. *l.* 11. Ainsi , *lisez* Aussi dans la Préface.

Ibid. ligne pénultieme , on la dirige , *lisez* on le dirige.

P. 122. Quoiqu'il soit peu d'usage de labourer les champs avec la bêche , qui est plus ordi-nairement un instrument de jardinage , nous avons conservé ici ce terme , pour répon-dre à l'assertion de M. de la Salle , que l'on a vû , *p.* 121 , ne parler que de quelques arpens cultivés avec la *Bêche.*

P. 169. *l.* 22 , liv. 2. *lisez* lieu 2.

P. 202 , *l. derniere* , d'endroit , *lisez* d'endroits.

PRÉFACE

PREFACE.

IL EST RARE que les écrits ramenent des personnes fortement prévenues. Mais ils servent à répandre la lumiere, & à faire connoître la vérité. M. de la Salle vient de publier un *Manuel d'Agriculture pour le Laboureur ; pour le Propriétaire ; & pour le Gouvernement : contenant les vrais & seuls moyens de faire prospérer l'Agriculture, tant en France que dans tous les autres Etats où l'on cultive ; avec la Réfutation de la nouvelle Méthode de M. Thull* (*) : Paris, Lottin l'ainé, 1764, in-8°. De crainte

(*) M. de la Salle écrit toujours *Thull.* On prie le Lecteur de supprimer l'*h.* Ce Gentilhomme Anglois ne met pas son nom autrement : M. Duhamel s'y est conformé : & M. de la Salle peut être le seul qui ait défiguré ce nom propre.

A

qu’on ne se prévale de cet ouvrage, annoncé comme triomphant ; j’ai cru qu’il importoit au progrès de l’Agriculture, de rendre publiques les réflexions qu’il m’a donné lieu de faire.

L’Auteur avoit publié, à Paris, environ huit ans auparavant, un fort bon ouvrage, sous le titre de *Prairies artificielles, ou Lettre . . . . . sur les moyens de fertiliser les terreins secs & stériles,* &c. La réputation dont M. de la Salle a joui depuis l’impreſſion de ce petit ouvrage, & le spécieux de plusieurs des raisons qu’il met en avant dans son *Manuel d’Agriculture,* pourroient séduire des esprits à qui il ne manqueroit pour mieux juger, que de connoître les raisons contraires. Il devient donc intéreſſant de les leur exposer. Quand je ne réuſſirois pas à éclairer quelques personnes déterminées à se méprendre, au moins puis-je espérer de fixer celles qui seroient dans le doute, & de détromper celles que la seule ignorance des faits auroit abusées. Il est juste de mettre à portée de juger avec connoissance de cause, quiconque voudra se décider sans partialité.

Ce n'est pas ici une simple dispute littéraire, indifférente pour une partie considérable des personnes qui s'occupent de la lecture. Le fonds de cette affaire intéresse l'Agriculture en général. M. de la Salle prétend être le seul qui connoisse le vrai systême d'une bonne Agriculture : & il réprouve absolument toute autre méthode que la sienne. Avons-nous donc été dans l'erreur jusqu'au moment où son *Manuel* a paru ? Aucun des Modernes n'a-t-il entrevû ou indiqué une bonne route à cet égard ? Ont-ils même ignoré celle de M. de la Salle ? Voi-

là l'objet que je me propose de difcuter; en examinant le Livre de M.
de la Salle, & ceux qu'il combat.

M. Duhamel a fait imprimer
en 1762 les *Élémens d'Agriculture*, comme un précis & une
forte de fupplément des fix volumes de fon *Traité de la Culture
des Terres*. L'un & l'autre ouvrages font attaqués aujourd'hui
par M. de la Salle. Un autre livre
d'Agriculture, contre lequel il
fe déclare hautement, eft l'*Effai*
de M. Pattullo *fur l'Amélioration
des Terres*. Le but de M. de la
Salle eft d'établir qu'en obfervant
ce qui fe pratique en différents
cantons, on y découvre les traces
de la plus parfaite Agriculture ;
qu'ainfi pour renouveller cet Art,
il fuffit de rappeller aux pratiques
locales les Cultivateurs accoutumés à fuivre une routine vicieu-
fe. De cette conféquence il n'y a
qu'un pas à faire pour profcrire

tout ce qui ne se trouve point dans nos pratiques locales. Tout système moderne doit donc être rejetté ; sur-tout la méthode de M. Tull, qui est connue sous le nom de *Nouvelle Culture* : puisque M. de la Salle exige qu'en fait de culture, au lieu d'admettre aucune nouveauté, on remonte aux pratiques qui suffirent anciennement pour rendre l'Agriculture très-florissante. Aussi dit-il (p. 72 & 73.) que « sa méthode & son
» principe étant appuyés par tou-
» tes les pratiques locales du mon-
» de entier où l'on cultive, & y
» étant généralement reconnues,
» il faut rejetter toutes les nou-
» velles méthodes, qui, non seu-
» lement admettroient d'autres
» principes, mais qui supprime-
» roient quelques - unes des opé-
» rations qu'il a détaillées, ou fe-
» roient des changements dans la
» façon de les exécuter ». Cet

arrêt suppose que le Juge qui le prononce a découvert des pratiques d'Agriculture uniformes dans tout l'univers, & généralement suivies. Nous ferons voir que cette annonce chimérique est désavouée par l'Auteur même. Il prétend encore que les principes de MM. Tull & Pattullo sont opposés aux bons principes d'Agriculture : ce que nous détruirons par les textes mêmes de ces deux Auteurs, & ceux de M. Duhamel ; ainsi que par les propres aveux de leur antagoniste.

Mécontent que les nouvelles méthodes qu'il attaque, suppriment la Pâture des Jachères ; on vient de l'entendre censurer leur entreprise ; & il s'étend beaucoup là - dessus, en plusieurs endroits de son Ouvrage : mais lui-même, dans beaucoup d'autres, convient qu'il y a des circonstances heureuses où cette suppression est

d'ufage, & il enfeigne divers
moyens pour y parvenir.

Tel eft l'efprit du fyftême qu'il
s'efforce d'élever en renverfant
tous ceux des autres Modernes.
Et voici comment il fe fraye la
route du triomphe. Il a habilement fenti qu'ayant à indifpofer
en général contre les nouvelles
lumieres offertes fur l'Agriculture ;
& foutenant que lui feul a connu
& touché le but ; il devoit fe
concilier la bienveillance des laboureurs. C'eft pourquoi il décide, fans laiffer de lieu à l'appel,
que tout livre qui n'eft pas fait
directement pour eux, ne produira jamais un bon effet : mais
il ne laiffe pas de prouver fort au
long, dans le même volume, que
l'Agriculture ne peut être réparée
qu'autant que l'on éclairera les
propriétaires pour leur rendre fenfible l'intérêt qu'ils ont de concourir avec les fermiers dans les dif-

A iv

pofitions & les travaux. Comme ce n'eft pas le malin plaifir de cenfurer, qui nous fait écrire, nous ne nous bornons pas à oppofer M. de la Salle à lui-même : nous difcutons encore le fonds de cette queftion ; fçavoir, fi les Traités d'Agriculture doivent être faits pour le commun des cultivateurs, plutôt que pour les propriétaires. Tel eft l'objet du §. 1, où nous avons foin de montrer qu'il y auroit de l'injuftice à regarder généralement les fermiers & les laboureurs comme des efpeces d'*Automates*. Ainfi que tout autre nom collectif de gens qui s'occupent de quelque art ou fcience, le nom de *Laboureur* comprend un petit nombre d'hommes qui réfléchiffent fur leur art, & qui feuls méritent d'être qualifiés de *Cultivateurs* : ils fe diftinguent de la *multitude* ; & l'on rencontre dans celle - ci divers degrés de génie &

d'intelligence qui tendent plus ou moins à s'élever : le reste est rampant, livré à la routine, & incapable de penser. On doit aussi convenir que presque tous ceux qui sont doués de jugement ont à satisfaire à une quantité de pressants besoins, qui ne leur laissent pas le loisir de faire des tentatives dont ils pressentent les succès, mais à l'incertitude desquels ils ne peuvent prudemment exposer la modicité de leur fortune. Il convient donc de n'écrire sur les moyens de perfectionner l'Agriculture, que pour des personnes intelligentes & aisées, qui ayant franchi les premiers pas, donneront plus d'assurance aux Laboureurs à qui il ne manquoit que cet encouragement : & l'exemple de ceux-ci entraînera les autres. C'est ce que nous avons l'avantage de prouver par des faits qui déposent énergiquement en faveur de la Méthode de M. Tull, puisque nombre de Laboureurs & de Payſants l'ont adoptée d'eux-mêmes, après avoir bien vû qu'elle procuroit de meilleures récoltes.

M. de la Salle ayant déclaré qu'il vouloit anéantir par ſon livre tous les écrits publiés depuis quelques années relativement à l'Agriculture ; nous faiſons voir dans le §. 2, que les Auteurs qu'il a attaqués nommément ont traité avec ſoin, & dans un grand détail, les mêmes choſes qu'il regarde comme importantes pour l'Agriculture, & dont il avance que ces Auteurs *n'ont fait aucune mention :* tandis qu'ailleurs il modifie ce jugement, en diſant que toutes les fois qu'ils ont voulu en parler *ils n'ont fait que balbutier.* Pluſieurs endroits du livre de M. de la Salle rendent ſenſible le but qu'il ſe propoſe, en s'étayant de moyens ſi peu réguliers.

Content d'avoir réuſſi à améliorer ſes champs par des pâturages, il prétend être unique dans
ſon genre. Son livre ſur les Prairies artificielles lui a juſtement
acquis une réputation à laquelle n'ont pas peu contribué les
mêmes perſonnes qu'il attaque
aujourd'hui : & comme ſi leur
nom portoit ombrage au ſien, il
veut, à quelque prix que ce ſoit,
les effacer pour demeurer ſeul &
pour toujours en poſſeſſion de diriger l'Agriculture. Auſſi a - t - il
diſtribué dans ſon livre trois ſortes
d'inſtructions : *pour le Laboureur;
pour le Propriétaire ; pour le Gouvernement.*

Nous n'héſitons pas à accorder
à M. de la Salle, qu'en étudiant
les pratiques locales, & comparant leurs divers uſages, on peut
en tirer une excellente notice de
ce qu'il convient de faire pour
mettre nos campagnes en pleine

valeur. C'eft ce qui a été reconnu expreffément par MM. Duhamel, Tillet, & Pattullo ; quoique M. de la Salle affure qu'ils n'en ont pas fait la moindre mention : *voyez* notre 2ᵉ §.

Les Prairies artificielles font du nombre de ces pratiques lo-cales , ufitées depuis long - temps dans plufieurs de nos Provinces ; de même qu'en Hollande , en Flandre, en Angleterre, &c. Tan-tôt M. de la Salle a dit , contre toute évidence , que M. Duha-mel n'en avoit pas fait mention : tantôt il a reproché à cet Acadé-micien de n'en avoir traité qu'en ignorant, ou en foible écolier. C'eft pourquoi, dans le 3ᵉ. §, j'ai mis en parallele le peu que M. de la Salle a dit fur les Prairies artificielles , avec la manière détaillée dont M. Duhamel en a traité. En rappro-chant la plus grande partie de ce qui concerne ces Prairies dans chacun des volumes du *Traité de la Culture des Terres*, & dans les *Elémens d'Agriculture*, j'ai trouvé de quoi faire sans art un tableau magnifique par lui-même ; dont le vaste champ offre à l'œconomie rurale une abondance extrêmement variée, & l'Art de cultiver chacune de ces nombreuses plantes, que le génie de l'Agriculture destine à devenir des Prairies artificielles. Le systême de M. de la Salle est presque borné à la culture du Sainfoin : nous rendons justice à l'industrie qu'il a eue d'en faire un fonds de subsistance pour le bétail ; qui, fournissant ensuite des engrais, a fait changer de face aux domaines de ce Cultivateur. Mais son procédé n'est pas tellement au-dessus de la portée des autres hommes, qu'il faille croire, sur la parole de M. de la Salle, que ce sont des opérations uniques, sans exemple, qui doi-

vent fervir de leçon aux Agriculteurs dans tout l'Univers, &c. Ce
qui eſt bien, n'eſt pas toujours le
mieux poſſible : la ſupériorité avec
laquelle l'article des Prairies artificielles a été traité par M. Duhamel,
prouve que l'on a déjà avancé beaucoup plus loin que M. de la Salle.

La Méthode de M. Tull propoſe de ſubſtituer ces Prairies aux
Jachères ; c'eſt - à - dire, d'établir
un produit conſidérable, & qui
contribue à améliorer la terre, au
lieu de laiſſer abſolument inutile
une portion de nos champs toutes
les années, ſous prétexte de labourer & amender beaucoup cette portion. M. de la Salle, au
contraire, regarde les Jachères
comme un ordre de la Nature,
un droit auquel il n'eſt pas permis
de donner atteinte ; & dont la ſuppreſſion n'iroit à rien moins qu'à
la deſtruction des bêtes à laine.
Cependant, en d'autres endroits

du même livre, il oublie qu'il s'eſt engagé à contredire M. Tull : & je ne ſçai quel motif le porte à convenir que l'on ne prévarique pas à l'ordre naturel en n'obſervant point des Jachères, quand on a une terre excellente ; il va même juſqu'à détailler pluſieurs moyens, à l'aide deſquels on peut y parvenir. Ces objets intéreſſants ſont détaillés dans le 4ᵉ §. Nous y faiſons voir, ainſi que dans le 3ᵉ, que le bénéfice des Prairies artificielles eſt d'un bien plus grand ſecours que les Jachères, pour nourrir le bétail ; que les Jachères ne ſont nullement néceſſaires pour ces animaux ; qu'en ſe privant de l'avantage qui réſulte des excréments qu'ils dépoſent ſur la terre, on y ſupplée par des engrais d'une autre nature : outre qu'il en faut beaucoup moins quand la terre a été bien ameublie par les labours. Nous prouvons auſſi dans le 3e. §, que les chevaux & tout le bétail diftinguent fenfiblement & préferent au fourrage commun, celui des Prairies artificielles ; & qu'ils font très-avides de celui qui a été cultivé par rangées : cette difpofition des plantes entretenant dans les tiges & rameaux une abondance de fucs délicats, qui ne permettent que difficilement à ces parties de s'endurcir.

Après avoir examiné l'utilité des Jachères, & les circonftances qui peuvent autorifer à les fupprimer, je fais voir que leur omiffion eft, en divers endroits, un de ces ufages locaux auxquels M. de la Salle nous rappelle : & les principes même de cet Auteur, fervent à démontrer que les terres cultivées fuivant la Méthode de M. Tull, font exactement dans le cas où fon antagonifte dit que l'on eft difpenfé des Jachères. Au refte, en réformant l'ufage que

l'on fuit d'habitude pour la pratique des Jachères, l'Auteur Anglois ne fait qu'y fubftituer une
autre méthode. Car il a toujours
dit que la terre ne pouvoit fournir
de bonnes récoltes de froment,
que par des labours multipliés :
& ces labours feroient impratica-
bles fi tous les champs étoient en-
tièrement enfemencés. On verra
donc dans le 5ᵉ §. que M. Tull
obferve des Jachères, plus étendues même que celles dont M.
de la Salle voudroit faire une
loi invariable : elles n'en different que par leur difpofition,
qui ne peut être appellée *nouvelle*, que jufqu'à certain point :
mais ce qui les diftingue réellement des Jachères communes, eft
qu'elles ont l'avantage de préparer beaucoup mieux la terre ; de
la perfectionner fucceffivement,
d'une année à une autre ; & la
bien nettoyer d'herbes. Leur du-

rée est égale à celle des Jachères communes. M. de la Salle ayant voulu persuader que la quantité de terre qui n'est point occupée dans le système de M. Tull, est trop considérabe pour qu'il n'en résulte pas une perte digne d'attention : je fais voir par des preuves incontestables, & par de bonnes raisons, que cette perte n'est qu'apparente ; qu'elle occasionne même un bénéfice réel, dans la récolte de l'année. J'avoue que les Jachères de M. Tull deviennent inutiles au bétail. Mais la pâture que ces animaux trouvent dans les Jachères communes, & dont ils sont privés ici, mérite-t-elle qu'on y sacrifie l'avantage de recueillir du froment toutes les années, dans une même terre, qui n'en porteroit que tous les deux ou trois ans ; ou même encore plus de loin en loin, puisqu'il y a certaines terres

à qui on laiſſe juſqu'à quatre &
huit années de repos abſolu ? La
Méthode de M. Tull rendant la
terre bien nette d'herbes, il ſeroit
ſuperflu d'y conduire le bétail.
Reſte à ſçavoir ſi M. de la Salle
préféreroit de laiſſer croître quantité d'herbes inutiles dans les terres à bled, plutôt que de détruire
ces plantes qui dérobent une partie de la nourriture du froment.
Au moins avoue-t-on unanimement que l'on s'applique, pendant
l'année de Jachère, à en diminuer
le nombre : ce qui prouve que l'on
ſent l'avantage qu'il y auroit à
les détruire toutes. C'eſt à quoi
l'on n'eſt encore parvenu qu'a-
vec la nouvelle Culture. Olivier
de Serres avoit pareillement dit,
(*Théâtre d'Agriculture*, lieu 2.
chap. 2. p. 79 & 80. de l'Edition
de Lyon 1675, in-4°.), « que l'a-
» vantage de retourner le chaume
» dans la terre pour y ſervir d'a-

» mendement, ôte deux commo-
» dités; l'une, de la nourriture du
» bétail laineux, qui dépaît long-
» temps ſur les éteules en man-
» geant les herbes ſorties avec les
» bleds; l'autre, de la coupe des
» chaumes que l'on employe à
» couvrir les maiſons, chauffer le
» four, & faire de la litiere au bé-
» tail. Quant à ces deux préten-
» dues raiſons, dit-il, je ne trouve
» pas être ménage, que pour un
» peu d'herbes & de paille qu'on
» peut profiter ſur les éteules, l'on
» ſe doive priver de cette grande
» quantité de bled que la culture
» avancée, promet avec raiſon.
» Car c'eſt une choſe aſſurée que
» la terre étant maniée de longue-
» main, &c. » Je cite volontiers
cet Auteur, parce qu'il eſt un bon
garant; & en ſecond lieu, parce
que M. de la Salle s'appuie ſouvent de ſon ſuffrage. « Concluons
» donc qu'il eſt plus avantageux

>> de faire en Pâturages artificiels
>> une petite réserve de ses terres,
>> pour la subsistance du bétail,
>> que de les mal cultiver toutes,
>> au préjudice de la récolte : puis-
>> que non-seulement un arpent de
>> bon Pré produit plus d'herbe que
>> six arpents de Jachères, ou de
>> chaume ; mais encore qu'un
>> seul arpent de Luzerne donne
>> plus de fourrage que six arpents
>> de bon Pré. Ces faits démon-
>>trent que le produit d'un bon ar-
>> pent de Luzerne surpasse celui
>> de 30 ou 36 arpents de Jachères
>> ou de chaume (*).

On fait beaucoup valoir que le séjour du bétail sur les Jachè-res y distribue un engrais qui in-flue sur les récoltes suivantes. C'est ce qui m'a engagé à traiter, dans le 6ᵉ §, la question de la nécessité, ou simplement de l'uti-lité des engrais. On y voit la

(*) Cult. des Terres T. I. *p. lviij. & lix.*

cauſe des labours plaidée contre les engrais , par M. de la Salle même : qui, ſans paroître ſoupçonner qu'il ſe contrediſe , reproche à MM. Tull , Duhamel & autres, d'avoir dit qu'en labourant bien & ſouvent, on pouvoit ſe paſſer d'amender. Au reſte, cette imputation ne devroit pas regarder M. Duhamel , puiſqu'il a conſtamment dit que l'on trouveroit une utilité ſolide dans l'uſage des divers engrais.

Le 7e §, conſidere les inſtrumens du labour. On y verra que les bonnes charrues uſitées dans chaque province , peuvent ſuffire pour exécuter tous les labours de la nouvelle culture. L'objet que l'on s'eſt propoſé en imaginant des inſtruments plus ou moins différents des charrues ordinaires , a été de rendre l'opération du labour plus commode & plus expéditive. Nous entrons à cet égard, dans des détails intéreſſants. Et avec le flambeau de la critique, nous répandons la lumiere fur des endroits où M. de la Salle s'étoit efforcé de jetter un nuage d'obfcurité & de confufion.

Nous difcutons dans le 8ᵉ §, tout ce que cet Ecrivain a dit au défavantage des inftruments nommés *Semoirs*. Leur utilité réelle, par rapport à l'œconomie, à la diftribution convenable du grain, & à l'abondance de la récolte, devient fenfible ; au moyen des preuves de raifon & de fait, que nous oppofons aux allégations vagues de M. de la Salle. L'expofé des différentes manieres de femer, employées dans l'ufage ordinaire, relativement à la diverfité des terreins, forme un furcroît de preuves. Mais comme M. de la Salle prétend tirer avantage de ce que M. Duhamel a dit, qu'au moins il convenoit de fe fervir du femoir, lors qu'on femeroit en plein, au lieu d'enfemencer par rangées fuivant la méthode de M. Tull; nous démontrons que ce n'eft pas *un dernier effort pour foutenir la nouvelle culture, & comme un retranchement où fe cantonne un Auteur qui veut, à quelque prix que ce foit, défendre & maintenir fon ouvrage.* On verra que, même en femant en plein avec le femoir, on retrouve les principaux avantages de la nouvelle culture; l'abondance des récoltes, produite par l'œconomie fur la quantité de la femence, & par la diftribution du grain à une profondeur & dans un efpacement convenables, fur une terre bien ameublie, bien nettoyée d'herbes, & encore rafraîchie par les focs du femoir. C'eft en quoi l'ufage de cet inftrument jouit d'une grande fupériorité vis-à-vis de tout ce qui peut être regardé comme bonne agriculture

culture dans la méthode ordinaire. Mais la culture établie par
rangées eſt conſtamment encore
plus avantageuſe , quand on ſe
trouve à portée de la bien exécuter. Bien plus, nous ajoûtons que
le ſemoir occaſionne à tous égards
une moindre dépenſe que la pratique commune de ſemer.

Les principes invariables d'une
bonne agriculture ſe réduiſant à
bien préparer la terre , & à répandre convenablement la ſemence ;
il n'y a plus à douter que la méthode
de M. Tull ſoit capable d'atteindre au but. Toute autre , qui
conduira réellement au même
terme , devra auſſi être réputée
bonne. C'eſt pourquoi M. Duhamel , qui n'avoit aucun intérêt
particulier à faire valoir la pratique de l'Auteur Anglois , & qui
ne s'eſt propoſé que de ranimer
le goût pour l'agriculture & d'aſ-
ſigner des principes certains , a

conftamment dit dans fes huit volumes que la méthode de **M.** Tull étoit une bonne route à fuivre ; qu'elle n'étoit pas la feule dont il réfultât une parfaite agriculture ; mais que toutes les bonnes pratiques à cet égard rentreroient dans ce qu'elle contient d'effentiel. En juge éclairé & impartial , il a auffi averti des défauts & inconvénients qui pourroient diminuer l'avantage de cette pratique: *Confultez* notre 12ᵉ §. Voici encore un endroit où il ne s'agit point de cultiver des rangées de froment; où néanmoins M. Duhamel fait l'éloge d'une autre efpèce de bonne culture : « Un Mé-
» tayer du Préfident de Montef-
» quieu recueillit dans fa Métai-
» rie, auprès de Clairac, une moif-
» fon abondante ..... pendant
» que tous fes voifins en firent
» une très-mauvaife. M. de Mon-
» tefquieu lui ayant demandé

» comment il avoit pû faire pour
» se procurer cet avantage singu-
» lier : le Métayer répondit qu'il
» avoit labouré sa terre onze fois
» depuis les semailles jusqu'à la
» récolte ; que par cette raison la
» terre avoit profité de toutes les
» pluies, rosées, brouillards, &c,
» au lieu que la terre de ses voi-
» sins n'en profitoit pas, à cause
» d'une espèce de croûte seche &
» dure, qui se forme au-dessus
» quand on ne la travaille pas.
» Cette observation quadre à mer-
» veille, avec les principes sur
» lesquels la nouvelle culture est
» établie (*c*). » Ses principes sont
démontrés vrais, par des proposi-
tions même que M. de la Salle a
fortement soutenues, & qui sont
admises de tout bon Cultivateur.

On a donc lieu de traiter de paradoxe l'impossibilité d'exécuter en

(*c*) *Cult. des Terr.* Tome 2, pages 370, 371.

grand la culture de M. Tull. Auffi rapportons-nous dans le 9e §, nombre de faits qui conftatent que l'on a enfemencé par rangées & avec fuccès dans des terres de qualités très-différentes , & fous divers climats, jufqu'à cent vingt arpents. Sont-ce donc-là des effais en petit ; des travaux de 3 ou 4 arpents , comme M. de la Salle affirme que la culture en planches y a été toujours reftrainte , fans que perfonne ait ofé aller au-delà ?

Cette démonftration fait la bafe du 10e §, où je prouve que la méthode de M. Tull n'eft pas une *Idée de Cabinet.* J'ajoûte ici que l'efpèce d'adoption qu'en a publiquement faite M. Duhamel ne permet pas de douter que ce ne foit un fyftême folide & de pratique. L'illuftre Académicien dont je me félicite de prendre la défenfe , a récemment fait une

nouvelle déclaration de sa façon
de penser à l'égard de tout ce
qu'on appelle *Systême.* Ecoutons-le
s'expliquer dans la Préface de son
Traité de l'Exploitation des Bois,
p. *v.* & *vj.* « En nous aidant des
» lumieres de la Physique, ne pré-
» sumons point trop des nôtres ;
» gardons - nous de commencer
» par imaginer des systêmes pour
» en faire la base de raisonne-
» mens spécieux ; évitons de trop
» généraliser des faits particu-
» liers ; soyons bien persuadés
» que si l'édifice que nous entre-
» prenons d'élever n'est pas fondé
» sur l'expérience & sur l'obser-
» vation, il ne sera pas de longue
» durée : le réveil dissipe bientôt
» toutes les espérances flateuses
» qu'un songe agréable avoit fait
» naître. Comme il n'est point
» question ici de faire un Roman,
» ni de présenter des fictions ,
» mais d'offrir des faits , nous de-

› vons éviter de nous livrer avec
› trop de confiance aux produc-
› tions de l'imagination, qui n'en-
› fante ordinairement que des
› éclairs paſſagers, qui ſe diſſi-
› pant auſſi-tôt, nous laiſſent er-
› rer à l'aventure au milieu d'é-
› paiſſes ténèbres. Il n'y a que
› l'expérience & l'obſervation
› qui puiſſent fournir au Phyſi-
› cien une lumiere permanente,
› capable de ſatisfaire tout hom-
› me judicieux, & à l'aide de la-
› quelle il ſoit poſſible de mar-
› cher avec ſûreté dans la car-
› riere des connoiſſances humai-
› nes. Il faut donc faire des épreu-
› ves, en combiner les réſultats,
› en comparer les avantages & les
› inconvénients, & aſſervir toû-
› jours la Théorie aux faits bien
› obſervés. Quoiqu'une pareille
› route ſoit bien longue, bien
› coûteuſe, & bien pénible par
› l'aſſiduité qu'exigent les expé-

» riences, j'ai cru devoir la sui-
» vre, parce qu'elle m'a paru être
» la seule qui pût me conduire à
» la découverte de la vérité . . . . .
» Comme je n'ai aucun intérêt à
» établir une chose plutôt qu'une
» autre ; & comme j'ai voué tou-
» tes les dépenses considérables
» que j'ai faites, & consacré tou-
» tes mes peines à l'avantage du
» Public , j'ai soin de prévenir
» mes Lecteurs, quand l'occasion
» s'en présente, des scrupules qui
» me sont restés dans l'exactitude
» de mes recherches ». Ce que
M. Duhamel a fait par rapport
aux Bois, est absolument semblable à la conduite qu'il a tenue pour
l'Agriculture. Il a observé la même marche dans les huit volumes
où il a traité de la méthode de M.
Tull, & de l'Agriculture en général. Nous aurons souvent occasion de le faire observer dans le
cours de cet ouvrage.

B iv

J'ai cru devoir relever encore dans le 10ᵉ §, l'affectation marquée avec laquelle M. de la Salle traite M. Duhamel d'ignorant en ce qui concerne la culture des terres. Et comme il s'eſt fait un triomphe de dire que ſi cet Académicien eût jugé réellement avantageuſe la pratique de M. Tull, il l'auroit établie ſur toutes ſes terres ou au moins ſur une de ſes fermes ; cette objection ſpécieuſe eſt levée de maniere à faire ſentir que M. Duhamel a exécuté dans ſes terres, pendant pluſieurs années conſécutives la nouvelle culture, autant que ce travail pouvoit ſe concilier avec ſes autres occupations. Comme ce Sçavant, prodigieuſement laborieux, a toujours inſiſté pour que les Propriétaires n'abandonnaſſent pas à des Valets les opérations de cette méthode, il a dû ſe borner à l'exploitation que permettoit le peu d'aſſiduité qu'il pouvoit donner à la campagne. Mais ſes ſuccès toujours ſoute-nus, quoi qu'en diſe M. de la Sal-le, prouvent qu'il ne ſe diſpenſoit pas d'exécuter par lui-même ce à quoi il invitoit les Amateurs d'Agriculture.

Dans le § 11ᵉ, je diſcute les difficultés, ſoit réelles, ſoit ap-parentes, qui ſe rencontrent dans la pratique de la culture en plan-ches. On y voit que la néceſſité de tourner ſur ſoi-même ou ſur ſes voiſins, pour exécuter les labours auxiliaires, eſt un inconvénient réel pour quiconque ne peut ou n'oſe pas ſacrifier cette perte au profit qui réſulte de ces labours, ſur la totalité du champ. Mais plus l'exploitation eſt vaſte, moins il eſt queſtion de cette difficulté : parce qu'alors beaucoup de terres aboutiſſent ſur des chemins & au-tres endroits dans leſquels la char-rue, en tournant, ne cauſe aucun dommage. B v

Je dis en second lieu, que c'est une crainte mal fondée que de prétendre qu'on ne réussira point à plier les gens de la campagne aux attentions que demande la nouvelle culture ; je fais voir qu'il y a divers usages tout aussi embarrassants, dont les Laboureurs se tirent fort bien. A propos de ces usages, je rappelle nombre de Pratiques locales, si analogues à la méthode de M. Tull, qu'on est naturellement porté à croire que cet Auteur n'a presque rien introduit de nouveau en ce genre. Les gens qui s'acquittent bien de tous ces travaux, font, pour ainsi dire, tout dressés pour la nouvelle culture.

Il reste sans doute beaucoup de choses que j'aurois pû alléguer en faveur de la cause que j'ai entreprise contre M. de la Salle. Mais le Public trouvera dans ce petit Ouvrage suffisamment de motifs pour se décider. J'ai prouvé que cet Auteur est perpétuellement en contradiction avec lui-même ; qu'il propose des objections pré-vûes ou résolues depuis nombre d'années par M. Duhamel mê-me ; enfin qu'il parle des huit volumes publiés par cet Académi-cien, comme feroit un homme qui ne les auroit jamais lûs. Un critique évincé par des moyens aussi forts que ceux-là, mérite-t-il quelque considération ? En se des-honorant, il donne gain de cause aux personnes qu'il vouloit atta-quer.

DÉFENSE

DE PLUSIEURS OUVRAGES

SUR

L'AGRICULTURE, &c.

§. I.

Ne doit - on écrire sur l'Agricul-
ture, que pour le vulgaire des
Gens de la Campagne ?

» OUTE notre Agriculture
» étant entre les mains
» des gens de la campa-
» gne, qui composent
» seuls en France le Corps
» des Agriculteurs ; ce n'est qu'eux
» qu'il convient d'instruire » : selon
M. de la Salle, *p. ij, 4, 5, & 6.*

En ne conteſtant point cette ſuppoſition, malgré toute l'étendue qu'il
lui donne, on eſt en droit d'en tirer
une conſéquence oppoſée à la ſienne:
je veux dire que s'il falloit n'écrire
ſur l'Agriculture que pour les gens
de la campagne, il ſeroit ſuperflu de
publier aucun livre en ce genre. Car
ce prétendu Corps des Agriculteurs
eſt compoſé de gens dont les uns ne
ſçavent point lire, ou le ſçavent mal,
ou liſent ſans comprendre : beaucoup
d'autres ne liſent point, ſoit faute
de loiſir, ſoit parce qu'ils n'ont pas le
goût de la lecture; ou enfin, rebu-
teroient tout ce qui heurteroit leurs
préjugés. Nous n'éprouvons que trop
de réſiſtance de leur part, quand il
s'agit de les ramener à leurs vrais intérêts par les meilleures raiſons ſou-
tenues d'expériences dont nous les
rendons eux - mêmes témoins &
comme les inſtruments. Que peut-
on donc ſe promettre d'un livre où
on les inviteroit à réformer leur manière de cultiver ; ſinon qu'ils en fiſ-
ſent entr'eux une cenſure mépriſan-
te ? La Multitude de ces Agriculteurs
eſt ſervilement attachée à ce qu'elle a

appris par routine; & décide avec hauteur que tout autre qu'eux eſt ignorant en fait de la culture des terres.

M. de la Salle ſe flatte néanmoins
de parvenir à les inſtruire ; & (comme il dit , *p.* vij) « les retirer de leurs
» routines , pour donner une pleine
» proſpérité à l'Agriculture . » Il
compte que les Laboureurs feront un
accueil diſtingué au *Manuel* qu'il vient
de compoſer pour eux ; & que ceux
qui ne ſçavent pas lire , l'apprendront
dans ce même Ouvrage ſous des Maîtres. Au reſte il ne propoſe aucune pratique qui ne ſoit déjà employée par les
bons Laboureurs. Pour ce qui eſt des
négligents , nous déſirerions que ſon
Livre eût parmi eux un heureux ſort.
Il s'en flatte , parce qu'il ne leur propoſe rien (dit-il) qui ſoit étranger aux
uſages connus. « Comme la premiere
» partie de ce Manuel eſt faite pour
» expliquer les pratiques locales , &
» montrerqu'il en réſulte évidemment
» une admirable méthode , la ſeule
» qu'il intéreſſe de faire connoître à
» tous les Laboureurs; *le Gouverne-*
» *ment* (dit-il) *ne peut ſe diſpenſer de*
» *répandre & diſtribuer* cette partie de

» ſon Livre *dans toutes les campagnes :* »
pp. 468 , 469. Voyez-y auſſi les *pp.*
470 , 471 & 484. Pluſieurs Ecrivains
ont déjà eu un ſemblable déſir ; &
tout récemment M. Thierriat , par
rapport à ſes *Inſtruƈtions ſur la Culture
des terres :* conſultez le *Journal Œcono-
mique* , Juin 1764 , *p.* 241.

M. de la Salle apperçoit déjà , dans
un agréable avenir , ſon Livre entre
les mains de toute la jeuneſſe ; chaque famille , chaque Collége , chaque Univerſité , l'adopter pour enſei-
gnement , & comme « le ſeul *Rudi-*
» *ment* dont on puiſſe faire uſage ,
» dans cette branche d'éducation
» déſormais néceſſaire : *p.* 484. »

Cependant s'il ne convient d'inſtruire que les gens de la campagne ,
comme le veut cet Auteur ; & ſi c'eſt
de cette inſtruƈtion que l'on peut attendre une *pleine proſpérité* pour l'A-
griculture ; pourquoi dit - il (*p.* lx.)
que « l'on ne parviendra jamais , en
» France ni ailleurs , à rétablir parfai-
» tement l'Agriculture , que par les
» Propriétaires ? «

Nous convenons que c'eſt en effet
aux Propriétaires que doivent être

principalement adreſſées ces ſortes
d'inſtructions , pour qu'ils dirigent
les opérations des Agriculteurs. Auſſi
M. de la Salle a-t-il deſtiné uniquement, pour cet ordre de perſonnes ,
la 2ᵉ partie de ſon *Manuel* : & cette
partie occupe plus de 80 pages. Il y
établit l'importance de former des
Prairies dans un corps de ferme ; &
fait voir 1°. « que le défaut de Prairies
» ne peut être réparé que par les Pro-
» priétaires ; 2°, comment ils doi-
» vent s'y prendre pour y parvenir
» ſans avoir la peine de faire valoir par
» eux - mêmes ; 3°, ce qu'ils doivent
» faire encore après l'établiſſement
» des Prairies ; 4°..... quelles ſont
» les autres attentions qu'ils doivent
» avoir ſur leur corps de ferme ; 5°, ce
» qu'ils doivent ſçavoir d'Agricultu-
» re ; &c. »

Une conſéquence naturelle de toutes ces inſtructions , eſt que les Traités d'Agriculture adreſſés à d'autres
qu'aux gens de la campagne , ſont
utiles , importants , néceſſaires : vû,
ſur-tout , que la première partie du
Manuel (adreſſée aux Laboureurs) eſt
un tiſſu de phraſes emphatiques , de

discours vagues, & de raisonnements peu suivis, où il seroit difficile d'appercevoir beaucoup de notions précises dont un Laboureur puisse profiter.

Mais en prononçant ainsi en faveur des Fermiers; M. de la Salle ne vouloit vraisemblablement que faire une levée de bouclier, destinée à prévenir d'abord contre quelques ouvrages modernes, qu'il a raison de regarder comme au - dessus de la portée du vulgaire. Tel est entre autres le système de M. Tull, qui n'a encore été compris que par des personnes accoutumées à réfléchir sur les effets des diverses pratiques d'Agriculture. J'avoue que, dans ce que M. de la Salle nomme le *Corps des Agriculteurs*, peu de gens ont contracté cette heureuse habitude, laquelle cependant jointe à une assiduité de travail, que les obstacles invincibles rebutent seuls, fraye la route des grands succès.

Au reste, nous n'avons garde de souscrire à l'assertion de M. de la Salle qui décide que l'on a été conduit à proposer de nouvelles méthodes pour réformer l'Agriculture, parce qu'on

la regarde comme un Art imparfait,
méprifable, ignominieux, réduite
comme elle eft, à de fimples fermiers
& locataires (*) :

Quand nous difons que le plus
grand nombre des gens de campagne
font incapables de revenir fur les opérations d'Agriculture auxquelles ils
font habitués ; nous fuppofons toujours comme une vérité établie, &
qui fort naturellement de notre propofition même, que la claffe des Laboureurs comprend des gens fenfés,
dont la main eft dirigée par le jugement, & qui adoptent volontiers ce
qu'ils reconnoiffent pour bon, de
quelque part qu'il vienne.

Auffi M. Duhamel, toujours équi-
table & Juge bien éclairé, a-t-il
fait fentir dans fon *Traité de la Culture
des Terres* l'eftime que méritent ces
Laboureurs diftingués. Il y dit dans
la Préface du Tome V. *p.* iij, que « ce-
» lui qui fçait tirer de fon champ un
» plus grand produit que ne font les
» autres, doit être regardé comme
» un homme qui en s'enrichiffant,

____

(*) *Man. d'Agric. p.* 4.

» procure en même temps le bien de
» la société ; un Citoyen précieux,
» qu'il faut encourager, & même ré-
» compenser. Car on est heureux que
» le désir d'augmenter ses revenus &
» d'acquérir de la considération, puis-
» se faire des Citoyens. »

Nous voyons encore avec satisfac-
tion, dans la Préface du *Traité de l'Exploitation des Bois*, p. iv & v ; ce vrai
Sçavant apprécier les talents & le génie de ceux qui s'occupent à la main-
d'œuvre dans l'Œconomie Rurale.
Après avoir dit que l'examen des bois
pour la charpenterie est un objet trop
sçavant, dans certains cas, pour de
simples Ouvriers ; il ajoute : « Qu'on
» ne me soupçonne cependant point
» de regarder les Ouvriers avec mé-
» pris : nés dans les forêts, & livrés
» au travail dès leur enfance, ils s'oc-
» cupent uniquement de l'objet qui
» fait leur état. Non, la sueur & la
» poussiere dont ils sont couverts ;
» leur peau brûlée par le Soleil ou
» flétrie par le froid ; les haillons dont
» ils sont vêtus, ne me font point
» illusion. Je me suis entretenu avec
» de ces bonnes gens, que j'ai recon-

» nus doués d'un bon jugement na-
» turel, & capables de réflexions
» justes sur leurs opérations. Mais ils
» sont trop constamment occupés de
» leurs travaux, pour pouvoir se li-
» vrer à des recherches : toujours
» pressés dans leurs opérations, ils
» n'ont pas le loisir d'étendre leurs
» réflexions ; & le besoin de faire sub-
» sister leur famille les contraint de
» suivre, sans s'en écarter, les prati-
» ques qu'ils ont reçues de leurs pe-
» res. Nombre d'entre eux sçavent
» fort bien ce qu'ils ont vû & revû ;
» ils font même de temps en temps,
» des remarques qui les conduisent à
» mieux opérer, ou à éviter quel-
» ques-uns des inconvénients qui ré-
» sultent des pratiques établies : mais
» renfermés dans un petit cercle d'i-
» dées, leur jugement naturel ne les
» met pas à portée de tirer toutes les
» conséquences que pourroient leur
» fournir leurs propres opérations.
» Gardons-nous bien de traiter *d'au-*
» *tomates* ces simples & bons opéra-
» teurs : je me fais un plaisir d'avouer
» qu'ils ont été mes premiers maîtres ;
» mais aussi ne nous persuadons pas

» qu'ils sçachent tout ce qu'on peut
» sçavoir sur les objets qui les oc-
» cupent. Ce n'est donc point dans
» la vue de les méprifer, que j'ai cru
» qu'il convenoit de venir à leur fe-
» cours ». Ces expreffions, dignes
d'une belle ame, annoncent un dif-
cernement très jufte. On ne peut
difconvenir que la pratique de l'adminiftration Rurale a befoin de réforme. Mais un grand homme fe
fait beaucoup d'honneur lorfqu'il
donne de juftes éloges aux Cultivateur & aux Ouvriers qui ont certaine portion d'intelligence quoique fes inférieurs en capacité à d'autres égards.

Plufieurs Laboureurs ont déjà eu le
courage de mettre à des épreuves plus
ou moins confidérables la *Nouvelle
Culture* : & le produit moyen de diverfes années confécutives les a raffurés
contre la jufte défiance d'une nouveauté peu connue. La perfpective de
tripler leur revenu fut un motif affez
intéreffant pour engager quelques-
uns d'eux à fuivre les confeils de M.
Duhamel, en 1750 ; & ce zélé Patriote acheva de lever toute difficulté,

en promettant un dédommagement
fi le fuccès ne répondoit pas à fon attente : * *Tr. de la Cult. des Terres*, T. II
p. 5 & 6. Un payfan d'un village voi-
fin imagina de lui-même une expérience pour s'affurer de la juftefle des
principes qui font la bafe de la nouvelle Culture, & la réuffite en fut très-
avantageufe : même Tome, *p.* 20,
21, & 22. On y voit encore (*p.* 51
& 52.) un particulier qui pratiquoit
depuis plufieurs années la nouvelle
Culture, encouragé par le produit
de fes épreuves, étendre cette Culture à d'autres piéces de terre. Ani-
més par l'exemple des fuccès opé-
rés entre les mains de M. de Châteauvieux « plufieurs Payfans, & c'eft beau-
» coup dire, ont fait faire des Char-
» rues femblables à la fienne, pour
» labourer leurs terres : * *p.* 115. »
Dès 1752, le fils d'un gros Fermier,
du voifinage de M. Duhamel, établit
la nouvelle Culture fur 12 arpens de
fa ferme : (*p.* 123-24.) M. de Châteauvieux rapporte qu'en 1753 plufieurs Payfans du Génevois, voulurent
auffi faire ufage du femoir, dont ils
voyoient réfulter des avantages très-

réels dans les terres de ce Cultivateur
attentif. Voici ce qu'il ajoûte. « Leur
» exemple ne sera pas indifférent pour
» la suite. On connoît leur répugnance
» à se prêter à de nouvelles pratiques :
» celle-ci s'est fait jour à travers leurs
» préventions ; mais bien éclairés sur
» leurs intérêts , la vûe de leurs se-
» mailles leur fait regretter de n'avoir
» pas ensemencé une plus grande
» étendue de terre suivant cette mé-
» thode : » (*Tr. de la Cult. des Terr.*
T. III. p. 163.). En 1753 , « des Pay-
» sans du Bayonnois, renommés pour
» bons Agriculteurs, ayant essayé la
» nouvelle Culture dans de bonnes
» terres bien fumées ; la beauté de
» leur froment attira bien des specta-
» teurs ..... Ils battirent tout leur
» grain, sans avoir la précaution de
» séparer celui de la nouvelle Culture
» d'avec l'autre. Mais ils se propose-
» rent de continuer : preuve qu'ils
» étoient contents (T. IV. p. 103).»
Un Génevois, qui avoit fait en 1752,
53 & 54 , des expériences paralleles
de la nouvelle Culture & de l'ancienne , ayant eu en 1754 un succès soutenu & des avantages confirmés : «le
« Métayer

» Métayer fut bien perſuadé qu'il fal-
» loit préférer la nouvelle maniere
» d'enſemencer les terres, à l'ancien-
» ne ; & pria très - inſtamment ſon
» Maître, de ceſſer dès-lors toute cul-
» ture en parallele , & lui permettre
» d'enſemencer toutes ſes terres avec
» le ſemoir (*p.* 368-9. »

 M. de Châteauvieux rapporte enſuite (*pp.* 531-2) que, durant l'hiver
de 1754, quelques Payſans charge-
rent un d'entre-eux de venir lui dire
qu'ils commençoient à avoir très-
bonne opinion de ſa méthode ; que
la beauté de ſes ſemailles les éton-
noit ; que s'il vouloit bien leur com-
muniquer le détail de ſes expériences , ils ſe raſſembleroient pluſieurs
pour les lire & y faire leurs réflexions.
Puis il ajoûta : « Je crois bien que
» nous ferons d'avis de ſemer en
» plein avec le ſemoir ; après cela
» nous verrons: peut-être bien faudra-
» t-il en venir à faire des planches. »
Ce reſpectable Magiſtrat, qui ſçait,
ainſi que M. Duhamel , diſcerner le
mérite des hommes, (V. ci - deſſus,
pp. 43 & ſuivantes.) dit « qu'il trouva
» beaucoup de bon ſens & une con-

» duite réfléchie dans ces Paysans ».

En 1758, un Laboureur d'Ouroux en Bourgogne, nommé Terrier, zèlé & intelligent Cultivateur, sema 687 perches de terre, tant en orge qu'en froment, suivant la nouvelle culture, avec un semoir qu'il construisit lui-même (*).

Si M. de la Salle a jamais lû ce *Traité* de M. Duhamel, qu'il prétend réfuter invinciblement aujourd'hui, sa mémoire est donc bien infidèle, puisqu'il a avancé affirmativement dans la p. 526 de son *Manuel d'Agriculture*, que « quoiqu'il y ait bien des années » que cette méthode soit annoncée, » on n'a pas encore vû un seul de tout » le corps des Agriculteurs qui ait été » seulement tenté de l'essayer, ni en » grand, ni même en petit ; malgré » les exemples qu'on s'est efforcé de » leur en donner. »

Mais il est toujours très-vrai que le plus grand nombre des Agriculteurs est incapable de se décider pour risquer une pratique, d'ailleurs au-dessus de leur intelligence ; & qu'ainsi les moyens de perfectionner l'Agri-

(*) *Cult. des Terr.* T. VI. p. 137-8 , 140.

culture doivent être adreſſés à des Cultivateurs d'un ordre plus relevé, & à des Propriétaires en état de diriger la main du Laboureur. Tels ſont, par exemple, MM. de Monteſui, d'Ogilvy, de Neuville, Credo, Vandusfel, Bonnet, Conilh, Navarre, Guerin de Corbeilles, de Montſoury, de Laumoy, Veron, Harrouard, de Beelinski, Nonand, Colombet, Rouſſel, de Meſlay, de Sournia, Blanchet ; Mad. la Préſidente d'Augeard ; D. Edouard Provenchere ; le Frere François ; D. le Gendre ; MM. Boiſſiere, de Vormeſel, Nevet, de Trolly, d'Elbene, de Javonſa, de Garſault, Bonrepos, de Brue, Diancourt, Aymen, Dailly, le Vayer, de Villiers, de la Croix, Thomé, de Blane, de Dallemans, de la Fond, de Juranvigny, Claſſé, Beaulieu, Délu, Donat, France, Tulle (Avignonois, dont M. Duhamel a regretté la mort en 1758, dans le 6e. vol. du *Tr. de la Cult. des Terr.* page 66) ; & autres perſonnes de divers états & conditions, dont les procédés attentifs & réfléchis ſont indiqués dans le même Ouvrage de M.

Duhamel. Consultez-en le T. I. p.
xxxv : le T. II. *p.* 79, 83-8, 123,
238, 250-5-9, 261, 270, 348,
355-9, 367 : le T. III, *p.* xlviij, 6,
23, 34-9, 61, 178 : T. IV. *p.* vj,
vij, ix, xj, 3, 5, 20-5, 30-7, 55,
79, 98, 110-6-7-9, 366, 530-3-4 :
T. V. *p.* v, 5, 9, 11, 20, 54, 60-3,
71, 84, 118, 127, 144, 150, 213,
247-8-9, 251-3-4-5-6, 261-2, 283-
6, 486, 506 : T. VI. *p.* 47, 52-4, 61-
2-5-6-7, 72-3-4-7, 84, 97, 101-2 jufqu'à 136, 137, 153-7, 160-1, 493-7.

M. de Châteauvieux a communi-
qué à M. Duhamel, pour être infé-
rée dans le même Livre deftiné à
éclairer les Cultivateurs, une fuite de
journaux de fes propres expériences,
où l'on a lieu d'admirer que ce Magiftrat chargé de l'adminiftration de
la République de Genêve, fçache al-
lier aux occupations de l'Homme Public, les foins d'un homme privé,
pour la régie de fes biens. Voyez
le *Tr. de la Cult. des Terr.* T. II. *p.* 89,
280, 318, 333 : T. III. *p.* 74 jufqu'à
177 ; & 214 : T. IV. *p.* 282, &c :
T. V, *p.* 416, &c, &c, &c. La Méthode contre laquelle M. de la Salle

fe déclare, y paroît avec une supériorité, au pied de laquelle échouent
tous les raifonnemens deftitués d'expériences fuffifantes. M. de Châteauvieux, à force de labours & de foins,
réduifit fes terres (de différentes qualités) à l'état d'ameubliffement qui
rend fenfibles les avantages de la
Nouvelle Culture. Malgré les efpaces
vuides, les récoltes fe font montrées
annuellement de plus en plus abondantes, & toujours beaucoup fupé-
rieures à celles que produifoit la pratique commune : outre que le même
champ portoit du froment fans interruption, & fans avoir befoin d'une
année de repos abfolu, ni d'une autre
année de foulagement deftinée aux
Mars.

Nous aurons occafion de développer plus amplement ces objets. Il
fuffira pour le préfent d'avoir montré
que les inftructions relatives à l'Agriculture, doivent être offertes à des
Cultivateurs au-deffus d'une multitude
qui s'occupe ordinairement de la ma-
nutention des terres. On conçoit aifé-
ment que plus une pratique défec-
tueufe eft univerfelle parmi le com-

mun des gens de la campagne, plus il est raisonnable de n'en proposer d'abord la réforme qu'à des personnes d'une condition aisée & d'un esprit cultivé. Leur intelligence, leurs facultés, l'avantage d'être plus libres pour disposer de leur temps, les mettent à portée de tenter, d'exécuter même les pratiques que l'on présume être plus avantageuses. Si ces personnes réussissent, le Paysan se détermine à les imiter. On a assez constamment l'expérience que, tout incapable qu'il est en général de se prêter aux choses de raisonnement, lors même que l'évidence en accompagne la démonstration, il sent à la fin qu'il lui importe d'imiter une pratique dont on a sensiblement retiré du profit sous ses yeux. Ce n'est donc pas aux Agriculteurs purement pratiques qu'il faut s'adresser pour introduire une nouveauté, dont l'utilité & le produit seront principalement pour eux. Le nom seul de Nouveauté suffit pour les éloigner : à plus forte raison si la nouveauté exige des dépenses extraordinaires, quoique bien compensées par le produit.

Un Fermier ou Locataire capable de penfer & réfléchir, & qui peut dif-pofer d'une partie de fon temps & de quelques fommes, eft de niveau avec les Propriétaires dans l'intention de celui qui offre de nouvelles lumieres fur l'Agriculture ; mais avec cette dif-férence que peut-être les gens de la campagne font un peu plus lents, plus difficiles à émouvoir, à con-vaincre, à perfuader. Mais l'intérêt qui anime toujours efficacement, & qui fait toujours impreffion fur eux, parce qu'ils font environnés de be-foins preffants, opere avec le temps, par rapport aux nouveautés réelle-ment utiles, une révolution qui con-firme les premiers acquiefcemens de la raifon.

D'ailleurs M. de la Salle femble méconnoître qu'il y a des perfon-nes de tout état, qui vivent habituel-lement à la campagne, & y font va-loir leur bien en tout ou en partie. D'autres y paffent plufieurs mois de l'année,& fouhaitent de pouvoir amé-liorer leur jouiffance. Combien d'Ec-cléfiaftiques y font fixés par devoir ! Les perfonnes qui compofent ces différentes classes, doivent être moins livrées aux préjugés qui tyrannisent le Paysan subjugué par l'indigence & par le défaut d'éducation. Elles sont plus disposées à se prêter à des tentatives qui ont une utilité bien apparente : & leurs succès ne peuvent manquer d'exciter l'émulation. Le Paysan qui verra son Seigneur, son Curé, ou son voisin, faire habituellement des récoltes plus avantageuses que les siennes, prendra du goût pour telle méthode qu'il n'auroit jamais goûtée sans ces exemples sensibles, qui sont précisément ceux qu'il faut aux gens de cet ordre.

Il est donc à desirer que les Physiciens amateurs d'Agriculture, les Gentilshommes & les Ecclésiastiques qui résident habituellement à la campagne, & les autres personnes éclairées que l'état ou le goût déterminent à suivre les moyens de faire valoir les terres ; il est, dis-je, à desirer que toutes ces personnes concourent à éclairer le Paysan. Indépendamment des secours de ce genre, déja émanés des Bureaux d'Agriculture établis dans les Provinces, nous avons fait ci-deffus une énumération affez nombreufe, quoique incomplette, de perfonnes intelligentes & actives, qui ont donné à leur canton l'utile exemple de ce que peut produire une heureufe application des bons principes d'Agriculture.

Que M. de la Salle, plein de lui-meme, dife d'un ton d'Oracle (*Manuel d'Agric. p. 514*) : « On peut pré-
» dire avec confiance que la Mé-
» thode de M. Tull ne s'établira ja-
» mais en France ; l'Agriculture n'y
» étant généralement exercée que
» par les gens de la campagne, &c. »
Nous venons de voir que cet Art n'eſt pas reſtreint à ceux qui ne fourniſſent que la main-d'œuvre ; & que la nouvelle culture a déja quelque crédit parmi les Laboureurs mêmes. S'il y en a entre les mains de qui elle n'ait pas réuſſi pour le froment, toujours eſt-il vrai qu'ils ont eu des fuccès pour d'autres végétaux. La fuite de cet examen achévera de montrer quel fonds on peut faire fur la prédiction indifcréte de M. de la Salle.

§. II.

Tous les Ecrits faits depuis quelques années, concernant l'Agriculture, sont-ils à rejetter ? Doit-on ne conserver actuellement & pour toujours, que ceux de M. de la Salle.

DE's le moment où parut le Traité des *Prairies artificielles*, dont nous avons parlé ci-dessus p. 2, les Connoisseurs s'empresserent d'en faire l'éloge : & depuis, ils ont unanimement continué de le regarder comme un livre digne d'ètre mis entre les mains des Cultivateurs. M. de la Salle se plaint néanmoins aujourd'hui (*Manuel d'Agric.* p. 38), que son ouvrage n'a pas été suffisamment accueilli. Qu'ambitionne-t-il donc de plus, que des suffrages si honorables ? Réunir en sa faveur les voix de Juges éclairés & intégres, c'est incontestablement jouir du droit de se dire à soi-même, que l'on avoit bien fait. Plus ceux qui le publient hautement sont respectables par la supériorité de leurs lumieres, plus leur témoignage devient satisfaisant quand on peut sentir la valeur de telles approbations.

MM. Duhamel & Pattullo, qui ont signalé leur zèle pour les progrès de l'Agriculture, se sont particulière-ment fait un plaisir d'annoncer le mé-rite du premier Livre de M. de la Salle ; & leur célébrité a sans doute beaucoup contribué à la réputation dont il a joui. Il a lieu de se féliciter de ce qu'on lit dans les pages 4 & 5 de l'*Essai sur l'Amélioration des Ter-res* : « L'Auteur des *Prairies artifi-* » *cielles*, qui a eu pour objet l'amé- » lioration particuliere de la Cham- » pagne, a du moins découvert par » sa propre application & son indus- » trie, l'unique moyen , qui est d'y » faire des Prairies artificielles, & d'y » augmenter la quantité du bétail. » Il a touché les vrais principes ». M. Pattullo le cite encore avec éloge dans les pages, 159 , 160-1.

Non-seulement M. Duhamel, dans le 6e. volume de son *Traité de la Cul-ture des Terres*, a cité (p. v) M. de la Salle, comme ayant tracé une bonne route ; & dit (p. 161) que sa méthode est très-bien exposée dans le Livre

des *Prairies artificielles* : il en donne
encore le précis (p. 162-3-4-5) ; &
y ajoûte des réflexions toutes obli-
geantes pour cet Auteur. Faiſant enſuite le parallele de ce ſyſtême avec
celui de M. Pattullo , M. Duhamel
avertit que la pratique de M. de la Salle
« convient principalement pour les
» terres où une partie des champs eſt
» propre aux herbages , & l'autre à
» porter du grain. »

Comme M. de la Salle attaque ſur-
tout ces deux célèbres Auteurs, j'ai
cru devoir expoſer le procédé géné-
reux dont ils l'ont prévenu ; & qui
devoit lui dicter une conduite de mo-
dération & d'égards , lors même qu'il
ſe croyoit en droit de s'oppoſer à leurs
ſentiments particuliers.

Mais il avoit pris ſon parti pour ab-
batre tout ce qui pouvoit recevoir
en concurrence avec lui les honneurs
qu'il prétend réſerver pour lui ſeul.
Plus ces adverſaires ſont célèbres ,
plus ils irritent ſon ambition & ſon
envie. Auſſi n'eſt-il pas maître de diſ-
ſimuler que c'eſt contre eux qu'il dirige d'abord ſes batteries. S'il pouvoit réuſſir à éloigner ceux qui ſen-

tent que de tels hommes méritent des refpects, il fe flatte de raffembler autour de lui tous les hommages.

Son *Manuel d'Agriculture* réfute (dit-il, *p.* xiij & xiv) « à l'excep- »» tion de l'Ouvrage des *Prairies Arti-* »» *ficielles*, tous les Auteurs & Ecri- »» vains Modernes fur l'Agriculture, »» parce qu'ils ont méconnu nos Prati- »» ques locales, & la Méthode con- »» tenue dans fon *Manuel* ; parce qu'ils »» ont ignoré..... que les Propriétai- »» res font les feuls qui puiffent rétablir »» parfaitement l'Agriculture (*Voyez* »» ci-deffus *p.* 4ɪ.); & parce qu'ils »» n'ont pas réfléchi à l'utilité, l'avan- »» tage, & même la néceffité, des ja- »» chères : plufieurs d'eux n'ayant pas »» même entendu cette matiere. »»

« Il croit les réfuter avec d'autant »» plus de raifon, qu'il prétend qu'ils »» font caufe que le Gouvernement, »» malgré toutes fes bonnes inten- »» tions, n'a pû rien faire encore pour »» le rétabliffement de l'Agricultu- »» re. »»

Enfin, cet Auteur ajoûte « qu'il s'eft »» attaché plus particuliérement à ré- »» futer la méthode de M. Tull, parce

» qu'elle renverſe plus directement
» nos Pratiques locales. »

M. Tull (c'eſt-à-dire , M. Duhamel, puiſque c'eſt lui qui a éclairci
& accrédité la méthode de cet Anglois), eſt donc le principal but à la
deſtruction duquel tend M. de la Salle.
Il fait encore aſſez ſouvent retentir en
ennemi le nom de *Pattullo*. Sans nom-
mer M. Tillet , il témoigne très-in-
telligiblement ſa jalouſie contre cet
Académicien de Paris au ſujet du
Prix que l'Académie de Bordeaux a
adjugé à ſa Diſſertation ſur les Maladies des Grains. M. de la Salle ne
nous laiſſe pas ignorer le motif qui
l'anime contre ce troiſieme Auteur
célèbre : conſultez le *Manuel d'A-
gricult.* p. 340-1-2. On ſouhaiteroit
qu'il n'eût point fini par dire qu'aucun Laboureur intelligent n'ayant
écrit ſur les moyens de remédier à la
Nielle ou Bruine, & lui-même ayant
été trop occupé pour concourir au
Prix de Bordeaux ; « c'eſt ce qui a
» donné tout l'avantage apparent à
» ceux qui ont oſé écrire ſur cet Art,
» d'après de ſimples ſpéculations (*p.*
» 313). »

On pourroit croire que M. de la
Salle qui regarde ſa Méthode comme
Univerſelle, a été indiſpoſé contre M.
Pattullo, pour avoir lû dans l'*Eſſai ſur
l'Amél. des Terres*, p. 4 ; que le *Traité
des Prairies artificielles* eſt entré dans un
aſſez grand détail « mais relatif à l'état
» préſent de quelques Provinces par-
» ticulieres, plus qu'à l'uſage général
» du Royaume : & *p.* 5 ; que tout
» ce qu'on pourroit deſirer à la Mé-
» thode qu'il propoſe, c'eſt qu'elle
» fût un peu moins lente ». Il aura
peut-être encore trouvé offenſant que
M. Pattullo lui ait donné des avis,
dans la *page* 161.

Pour M. Duhamel, je n'ai rien apperçu dans ſes écrits, qui ait pû donner ſujet d'épancher la bile de M. de
la Salle : à moins que ce ne ſoit une
obſervation inſérée à la *p.* 167 du 6ᵉ.
vol. du *Traité de la Culture des Terres* ;
où, ſans paroître avoir aucune intention de critiquer, M. Duhamel rapporte hiſtoriquement « que ſes Fer-
» miers font depuis long-temps quel-
» que choſe de pareil à ce que M. de la
» Salle a exécuté avec une intelligence
» digne d'être propoſée pour mode-

»le».Dureste,M. de la Salle a cru que la Nouvelle Culture frondoit sa Méthode adoptive. Mais s'il avoit bien étudié cette nouvelle pratique, il en seroit bientôt devenu l'apologiste, comme d'un systême relatif à toutes ses meilleures vûes, & parfaitement d'accord avec les vrais principes de l'Agriculture : vérités que les allégations de faits démontreront avec évidence dans toute la suite de cet Ouvrage.

Le 4e. adversaire, que M. de la Salle désigne par le nom de *certain Auteur*, nous est tout-à-fait inconnu.

Il compte apparemment que la défaite de ce très-petit nombre, suffira pour causer une déroute générale. Car il ne spécifie que ces quatre Ecrivains : & cependant on a vû (*p.* 61) qu'il se vante de réfuter tous les Auteurs & Ecrivains Modernes.

Après avoir déclaré que nous ne prenons pas la défense de tous les Auteurs qui ont écrit depuis peu sur l'Agriculture, nous nous en tenons à examiner si MM. Duhamel, Tillet & Pattullo, ont méconnu les Pratiques Locales ; la maniere de mettre les terres en valeur ; l'importance du concours des Propriétaires avec les Fermiers ; l'avantage & la pratique des Prairies artificielles ; les effets qui résultent des Jachères. C'est à quoi se réduit tout ce dont M. de la Salle les accuse. Je commence par M. Tillet ; la discussion des deux autres affaires ayant besoin de plus de temps, & embrassant tous ces objets, dont une partie seulement entroit dans le plan de sa Dissertation.

Pour s'assurer que M. Tillet n'a point écrit *d'après de simples spécula- tions*, comme l'a dit M. de la Salle, (ci - dessus, *p.* 62) ; il ne faut que consulter sa *Dissertation sur la cause qui corrompt & noircit les grains de bled dans les épis, & sur les moyens de prévenir ces accidents :* couronnée par l'Académie de Bordeaux en 1754, contre le vœu de M. de la Salle. On y voit une Théo- rie soutenue d'Expériences variées & multipliées par l'Auteur même, en 1751, 1752 & 1753. S'il n'eût pas été instruit des diverses pratiques in- diquées ou d'usage pour remédier à la maladie, le premier & le 4e. chapitre de sa 1re. Partie ne feroient point une énumération des moyens employés

(par exemple) en Picardie, dans l'E-
lection de Châtellerault, & dans le
Pays de Caux ; ni le précis des opi-
nions, & des préfervatifs que différents Auteurs ou Cultivateurs ont
adoptés ; outre les propres conjectures & tentatives de M. Tillet. Cet
Académicien de Paris peut-il ignorer
comment on établit des terres en
valeur, & avoir fçavamment parlé de
quantité de faits, dont un Cultivateur affidu, & un Obfervateur, peut
feul être en état de rendre compte,
& de les combiner comme il a fait en
homme éclairé, dans les chapitres
2, 3 & 4; dans leur fupplément ; &
dans la 2e. Partie ?

Pour ce qui eft de la découverte
que M. de la Salle femble s'approprier, qu'il donne à entendre que M.
Tillet a ignorée, & que nous convenons avec lui être un excellent moyen
pour fe préferver de la Nielle &c :
nous fommes encore fâchés pour
l'honneur de M. de la Salle que le témoignage dû à la vérité nous force à
dire qu'on trouve la même chofe dans
la Differtation de M. Tillet. On en
jugera par cet extrait fidele des deux
Ouvrages.

Ce que M. de la Salle (*Man. d'Agric.* p. 330) appelle *Bruine*, paroît être la maladie nommée *Carie* par M. Tillet; *Differt.* p. 33, 34, 35. Le *Bled échaudé* ou *retrait*, dont il est question dans les *pp.* 28 & 29 de la même Differtation couronnée à Bordeaux, est vraisemblablement le *Bled Niellé* de la p. 332 du *Manuel d'Agriculture.* M. de la Salle dit qu'on ne peut pas remédier à cette Nielle ; mais que l'on peut prévenir ce qu'il nomme *Bruine*, & en garantir le Froment. Ce préservatif « ne consiste qu'à tremper » le grain dans une eau tiede, en le » remuant plusieurs fois en tous sens » avec un bâton, & enlevant chaque » fois avec une écumoire tous les » grains qui surnagent : on répéte cette » opération jusqu'à ce qu'il n'en surnage plus » : *p.* 333. Tous les grains qui s'élévent à la superficie ne sont pas sains, ni suffisamment pleins.... » On a l'expérience (ajoute - t - il, » *p.* 334.) que, quand on ne seme » qu'un grain bien mûr & bien net, » qui ne provient que des meilleures » gerbes sur lesquelles on n'a donné

» que quelques coups de fléau, on est
» exempt de la Bruine. Il paroît donc
» que cette maladie ne provient que
» de la *foiblesse & de l'imperfection de*
» *la semence* ; c'est-à-dire, de son *dé-*
» *faut de maturité*, ou de quelque al-
» tération ».

M. Tillet insiste de même en plusieurs endroits sur l'importance de ne
semer que du grain bien conditionné.
Nommément *p.* 130 de sa Dissertation, il reconnoît par le résultat de ses
expériences si habilement combinées,
par rapport à la maladie en question,
« l'avantage qu'il *y* a de n'employer
» qu'un grain pur & bien choisi, mê-
» me *sans aucune préparation* ». Il ajoute, *p.* 144, comme un fait dont il est
certain par ses propres yeux, « qu'un
» des plus forts Laboureurs, qui ap-
» porte une attention scrupuleuse au
» choix de la semence, n'a jamais ses
» bleds gâtés.....

Puis il dit que du *froment pur*
(c'est-à-dire, sans préparation), seulement bien lavé, & séché au soleil,
lui fournit un beau champ, où les
épis cariés furent extrêmement rares :

voyez fon fecond *Plan* figuré.

Les expériences de M. Tillet ont encore fervi à confirmer ce qu'il a avancé (*p.* 84.) que « les Bleds ca- » riés font ceux dont les épis ne fleu- » riffent point, quoique bien confti- » tués en apparence & pourvûs de » leurs étamines ; & dont les grains » *fe corrompent* par degrés fans perdre » beaucoup de leur forme naturelle, » & finiffent par fe convertir inté- » rieurement en une pouffière graffe, » noirâtre, & d'une odeur infuppor- » table ».

M. de la Salle faupoudre de chaux le grain, auffi-tôt après l'avoir lavé; afin qu'il fe féche, fe fortifie, & ger- me plus vîte : *Man. d'Agric.* p. 335. Cette pratique, affez commune dans les campagnes, n'a pas échapé à M. Tillet : qui, pour éprouver jufqu'à quel point on pouvoit en tirer avantage, a de plus combiné la chaux avec une lotion de fel marin.

Pour ce qui eft d'enlever avec une écumoire les grains qui furnagent ; on voit cette pratique depuis long-temps dans les livres d'Œconomie rurale, &

dans le *Traité de la Culture des Terres* T. III. p. lv. Voyez aussi les *Elémens d'Agriculture* T. I. p. 326 & 327.

Ces divers textes de MM. Tillet & de la Salle ont une ressemblance assez frappante pour annoncer incontestablement que l'un & l'autre Auteur ont eu intention de dire la même chose. Mais la *Dissertation* de M. Tillet a paru en 1755 : & M. de la Salle n'a publié qu'en 1764 le *Manuel d'Agriculture*, où il affecte de méconnoître le contenu de la Dissertation. On ne s'opposera pas qu'il essaye de disputer à M. Tillet la gloire d'être inventeur : deux hommes de génie peuvent atteindre au même but, sans que l'un ait aidé l'autre. Nous souhaiterions cependant que M. de la Salle eût le mérite d'avoir cherché à s'instruire, par la lecture des lumineux écrits de son antagoniste ; où, au lieu d'assertions vagues, on trouve des expériences faites avec beaucoup de soin, & des preuves completes ; où l'on voit des moyens très-efficaces pour prévenir l'accident du noir, ou de la carie ; & que du grain bien

mûr, bien sec , & bien conditionné,
donne des épis noirs quand on l'a
barbouillé de cette poussière, &c. &c.

Le Système de M. Patullo a-t-il
reçu quelque atteinte réelle des coups
que M. de la Salle lui a portés ? Autre question intéressante.

» Pour remédier aux causes du dé-
» labrement de notre Agriculture , je
» propose (dit M. de la Salle *p.* iij &
» iv) deux moyens bien simples, qui
» auront certainement tout l'effet
» qu'on peut s'en promettre , quoi-
» qu'aucun de tous ceux qui jusqu'à
» présent ont écrit ou donné des Mé-
» moires pour la rétablir, n'en ait
» seulement pas fait la moindre men-
» tion ».

Sans doute qu'il excepte le Traité
des *Prairies artificielles* , comme nous
avons déjà observé qu'il le fait expres-
sément ailleurs. Mais, comment MM.
Duhamel, Patrullo, & généralement
tous ceux qui ont suggéré des moyens
d'améliorer la Culture des terres, ont-
ils ignoré ce que M. de la Salle a seul
découvert ? Ou plutôt, comment les
yeux de ce Lynx ont-ils été assez infideles pour lui rapporter qu'aucun

Ecrivain *n'a fait la moindre mention* de ce qu'il donne aujourd'hui comme du neuf ? En vérité que pensera-t-on de lui quand j'aurai démontré que tout ce qu'il dit de plausible est expreſſément contenu dans les livres qu'il s'efforce de déchirer ? C'est un fait constant. En voici les preuves : outre celles qu'on a déjà vues par rapport à M. Tillet.

Conſidérons d'abord ce qui regarde M. Pattullo : j'aurai occaſion de rappeller cette imputation, relativement à M. Duhamel.

Ces deux moyens uniques, vantés par M. de la Salle, ſont 1°, « la con-
» noiſſance des Pratiques locales de
» chaque Canton, de chaque Ter-
» roir, &c. Ces pratiques contien-
» nent (dit-il, *p.* iv & v) la véri-
» table Méthode d'Agriculture. Auſ-
» ſi est-ce l'objet de toute la pre-
» miere partie de ſon *Manuel*, où il
» a voulu en expoſer les principes,
» les opérations, les différentes fa-
» çons de les exécuter relativement
» à toutes les ſortes de qualités de
» terreins qui ſe rencontrent ; & com-
» ment on doit s'y prendre pour les
bien

» bien connoître, à l'effet de parve-
» nir à leur donner à chacune les cul-
» tures qui peuvent leur convenir,
» en fe fervant de l'expérience, dont
» cette même Méthode indique fi
» bien l'ufage & les effets. »

Arrêtons - nous un moment pour pefer toutes les parties de cette fomme de perfections, en les comparant avec l'ouvrage de M. Pattullo. Quiconque a lu fon *Effai fur l'Amélioration des Terres*, imprimé à Paris en 1759, y a néceffairement obfervé qu'il regarde comme très - importante la connoiffance des diverfes *Pratiques locales.* Non feulement il compare notre Méthode de tenir les terres avec celles que l'on fuit avantageufement en Angleterre, en Hollande, & en Irlande (nommément *p.* 259 & 260) : on y lit encore, *pp.* 212, 213 & 262, que « chaque Province a fa
» culture particuliere ...... fouvent
» quelque pratique plus avantageufe
» ou plus facile que ce qui s'obferve
» ailleurs; & que ...... beaucoup
» d'obfervations qui nous reftent à
» faire exigeroient des *connoiffances*
» *particulieres qu'il faut acquérir fur les*

D

« *lieux* ». Bien plus, M. Pattullo dit positivement, *p.* 272, qu'il « seroit à » desirer que de toutes les connoissan- » ces éparses dans les meilleurs Ecrits » économiques de *toutes les Nations*, » autorisées par leur *pratique*, véri- » fiées & constatées par les observa- » tions diverses que l'émulation .... » pourroit faire apporter de tous cô- » tés ...., on formât un corps com- » plet d'Agriculture ».

M. Pattullo ne mérite pas plus le reproche qu'on lui fait de n'avoir point eu égard aux Différences de Terreins, pour y proportionner la Culture. Ces objets, au contraire, l'ont beaucoup occupé. On peut en juger par les Titres suivants. *Page* 23 : « De la différente Nature des Terres, » & de la qualité & quantité d'engrais » qui conviennent à chacune. P. 36, » &c : Ordre & Travaux d'Améliora- » tion & de Culture. 1re *Espece* : des » Terreaux, & Terres de Jardin. » 2e *Espece* : des Terres argilleuses » & pesantes. 3e *Espece* : des Terres » mélangées & moyennes. 4e *Espece*: » des Terres sablonneuses, grave- » leuses, & légeres ». Ces détails se renouvellent avec des inftructions de pratique, depuis la *page* 81 ; & reparoiffent encore à la *p.* 114. Enfin le fyftéme du livre entier a pour bafe une culture relative à chaque efpece de terre, foit pour le choix & la quantité des engrais, foit pour la diftribution & l'emploi du terrein ; toujours dans la vûe d'en tirer le meilleur parti poffible.

Mais M. de la Salle prétend avoir feul faifi les vrais principes & les vraies opérations dont il réfulte une méthode propre à devenir univerfelle (*p.* vj). A-t-il donc propofé à cet égard quelque maxime utile, que M. Pattullo ait omife, ou contredite d'avance ? J'avoue que je n'ai rien apperçu de tel, en lifant avec attention leurs ouvrages refpectifs.

Il eft dit dans le *Manuel d'Agricul-ture*, *p.* 183, que M. Pattullo, en propofant de mettre en Prairies artificielles la moitié ou les $\frac{2}{3}$ d'un corps de ferme de 300 arpents, ne réferve point affez de terre pour fournir la paille que confommeront fix cents vaches ou bœufs. Pour bien juger de cette difficulté, on doit fe rappeller

que M. Pattullo compte sur les avantages de la culture qu'un corps de
ferme recevra dans sa totalité par le
système qu'il propose : système qui
distribue sur toutes les terres une suc-
cession continuelle de fumiers & d'autres amendemens. Personne ne doute
qu'une bonne culture ne soit capable
de porter fort haut le produit des terres. Aussi M. de la Salle dit-il (*Prairies
Artif.* p. 63, 64, 65 & 66), que lui-
même a réussi, par le moyen des engrais, à recueillir en froment dans
24 arpents 15 fois la valeur de ce que
cette étendue rendoit auparavant en
seigle : ce qui confirme le principe
de M Pattullo (*p.* 175), que « c'est
» moins l'étendue des terres mises
» en grains, que l'espece de culture
» qu'ils reçoivent, qui décide de la
» quantité de la récolte ». Si donc
M. de la Salle a recueilli en froment
15 fois la valeur de ce qu'il recueilloit
en seigle auparavant, c'est comme si
son ancienne récolte eût été distri-
buée sur une étendue quinze fois plus
grande. Il cite un terrein de 24 arpents : on peut donc aujourd'hui l'é-
galer à 360. Au lieu du 15e. que M.

de la Salle s'est procuré , ne peut-on pas accorder un cinquieme de béné-fice à M. Pattullo ? car sa méthode roule constamment sur de puissants engrais , comme celle dont il est question dans le livre des *Prairies ar-tificielles*. Cent arpents de semence rendront donc alors autant que font 500 aujourd'hui, tant en grains qu'en tuyaux. Or la paille de 500 arpents est suffisante pour bien entretenir six cents têtes de bétail , tant en fourrage qu'en litiere ; sur-tout si l'on observe d'en-tremêler la nourriture, d'herbe fraî-che ou séche, & de paille , comme l'enseigne M. Pattullo, *p.* 151. Il est littéralement vrai qu'une terre amé-liorée rend beaucoup plus de grain & de paille : puisqu'au lieu d'un seul tuyau auquel chaque plante se trouve communément réduite dans une terre qui est en mauvais état de culture , les tuyaux ou talles se multiplient en raison égale à l'amélioration. Au reste M. de la Salle ne peut contester ce calcul ; puisqu'il a dit (*Prairies artif.* p. 55) que dix à douze arpents, tant prés que marais , lui nourrissoient jadis cinq ou six vaches , & environ une trentaine de moutons, dans le temps où sa ferme étoit presque de nulle valeur : c'est comme s'il disoit que chaque arpent d'un fort médiocre pâturage fournissoit la nourriture d'une bête à corne; suivant sa propre évaluation, de cinq à six moutons pour une vache (*Prairies artif.* p. 55). Comment donc les pailles de 500 arpents de terre bien tenus, & 200 arpents de bonnes Prairies artificielles , ne pourroient-ils pas suffire à nourrir six cents de ces mêmes animaux ? Et la paille supposant l'existence du grain , il s'ensuit que le grain de la valeur de 500 arpents peut bien *nourrir & entretenir le ménage du Fermier :* ce que M. de la Salle regardoit comme impossible ; *Man. d'Agric. p.* 183, 184 & 185.

Et comme il faut toujours avoir tort quand on ne suit pas la route tracée par M. de la Salle, il dit (*Manuel d'Ag.* p. 295) que « M. Pattullo, sans
» s'appercevoir qu'il alloit contre les
» premiers principes de l'Agriculture,
» n'a pas hésité de proposer son grand
» systême d'herbages & de bestiaux,
» pour parvenir à établir générale-

» ment fur toutes fortes de terres , in-
» définiment, la fuppreffion des ja-
» chères par le feul moyen des en-
» grais ; comme s'il n'étoit queftion
» que d'employer leur abondance &
» leur renouvellement, pour en ti-
» rer fans les laiffer repofer , autant
» de récoltes qu'on le voudroit. »
Nous examinerons par la fuite l'effet des *jachères* en elles - mêmes.
Ne les confidérons ici que fous
le rapport fpécial qu'elles ont avec
le fyftême de M. Pattullo. Le fond
de la chofe intéreffe le Public. Mais,
pour évincer M. de la Salle , il
fuffit de l'oppofer à lui-même, comme
nous avons fait jufqu'ici, & de montrer que fes imputations portent toujours à faux. Les engrais , joints au
bon labour , comme on les voit mar-
cher de front dans toute la pratique de
M. Pattullo, peuvent-ils être accufés
d'aller contre les premiers principes de l'A-
griculture ? Quoique le mélange des
terres , tel que le propofe M. Pattullo , foit d'une grande difficulté dans
l'exécution , à raifon de la dépenfe ;
il n'eft pas moins vrai que ce procédé
réduit toutes les différentes terres à

une seule espèce à qui l'on donne
un degré d'excellence, proportionné
aux attentions & aux frais que l'on
y emploie. Et M. de la Salle qui
crie si haut en faveur des *jachères*,
convient ailleurs « qu'il y a des can-
» tons dont les terres par leur heu-
» reuse position n'ont besoin que d'ê-
» tre labourées & semées, sans qu'il
» faille y employer les engrais & les
» jachères ; qu'il y a même quelques
» *Pratiques locales entieres* où, par le
» moyen des engrais, on peut se pas-
» ser des jachères : (*Manuel d'A-*
» *griculture*, page 71). » M. Pattullo
ne s'est donc pas écarté des bonnes pratiques locales : ainsi qu'il n'a
point frondé les premiers principes
de l'Agriculture. Voici encore un
texte de M. de la Salle, qui plaide lui-
même la cause de son Adversaire, *p.*
244. « Le repos que donnent les ja-
» chères méritant, dit-il, la plus
» grande attention, il s'agit de sçavoir
» quand il convient de les employer
» ou de les supprimer : on peut dire
» qu'en cela consiste la grande science
» de l'Agriculture ». Les jachères ne

sont donc pas d'une absolue néceffité.

2°. M. de la Salle fait encore valoir ce qu'il a dit du concours des Propriétaires avec les Fermiers, pour le bien de l'Agriculture : comme fi M. Pattullo n'en avoit *pas fait la moindre mention;* ce font fes termes, p. iv. Cependant je vois dès la *p.* 10 de l'*Effai fur l'Amélioration*, M. Pattullo propofer fa méthode particuliere, autant aux Propriétaires mêmes qu'au commun des Fermiers. Puis à la *p.* 127, il obferve que le préjugé de vouloir abfolument mettre en grains deux foles completes, a paffé des Fermiers aux Propriétaires, dont la plûpart y obligent les Fermiers dans leurs baux. » Ainfi, ajoute-t-il, c'eft eux [les Propriétaires] « qu'il faut commen- » cer par détromper ; les affurant » bien . . . . . que ce font les pâtures » & les prés naturels ou artificiels qui » améliorent les terres par le double » moyen du *repos*, & du fumier des » beftiaux qu'ils mettent à portée de » nourrir. Plus on fera d'abord de ces » herbages artificiels, plus l'amélio- » ration ira vîte ».

D v

L'Auteur des *Prairies artificielles* en a-t-il parlé d'une manière plus expreffive ?

M. Pattullo demande (*p.* 157) que les *Propriétaires* faffent la dépenfe d'enclorre chaque ferme ; qu'ils en divifent les foles ; qu'enfuite ils veillent à l'ordre de la culture telle qu'ils l'auront établie, & qui, felon lui, renouvelle & entretient des Prairies artificielles dans tout un corps de ferme.

Dans les *pp.* 178 & 179 , il fait fentir que la mifere du Fermier reflue néceffairement fur le *Propriétaire* ; & que celui-ci eft intéreffé à faire les démarches convenables pour y apporter reméde.

Après avoir parlé de l'inconvénient des Baux limités à une durée infuffifante pour la bonne exploitation; enfin du défavantage qui réfulte de la mauvaife diftribution des terres & héritages morcelés entre quantité de Propriétaires : il dit (*p.* 194-95-96-97-98-99 , & 282) que tout *Propriétaire* gagneroit beaucoup à échanger les morceaux qui lui appartiennent, enforte que tout fon bien fût

raſſemblé. Les *pp.* 278, 279, 280, éclairciſſent l'avantage de faire des baux plus longs que de neuf années. Cet Auteur ſuggere auſſi aux Poſſeſ-ſeurs de grandes terres l'intérêt qu'ils ont de ne pas abſolument ignorer l'A-griculture, & de ceſſer de s'en rap-porter à des gens que la ſeule avidité du gain conduit. Enfin il invite (*p.* 215, 216, 266, 267) chaque Pro-priétaire « à donner l'exemple à ſes
» Fermiers, la plûpart trop peu inſ-
» truits & trop prévenus pour vouloir
» riſquer quelques avances à ce qu'ils
» appellent avec une ſorte de déri-
» ſion, des *Expériences* & des *Pro-*
» *jets* ; & qui d'ailleurs ſont trop à
» l'étroit, & manqueroient des fonds
» néceſſaires. Chacun de ceux qui en
» ſont à portée, dit M. Pattullo, de-
» vroit faire valoir du moins une de
» ſes fermes ; y mettant tout le ſoin &
» la dépenſe néceſſaires ; y pratiquant
» toutes les eſpeces d'amélioration
» dont elle pourroit être ſuſceptible ,
» ſelon ſes connoiſſances ou celles
» des plus entendus de ſes voiſins : on
» rendroit ainſi les avantages de l'in-
» duſtrie ſenſibles & palpables à tous

D vj

» les Fermiers. . . . . . Des gens de la
» plus haute naissance ont été les pre-
» miers à commencer en Angleterre
» & en Ecosse ; & ils en ont acquis un
» surcroît de considération ».

Ces divers endroits ainsi rappro-
chés (& que nous prions que l'on
veuille bien comparer avec le texte
de M. de la Salle rapporté ci-devant ;
p. 40 & 41) ne présentent-ils pas , en
faveur de M. Pattullo , le tableau d'un
Auteur persuadé de l'avantage que
les Propriétaires peuvent procurer à
l'Agriculture ; & qui a fait de louables
efforts pour les engager à y concourir
avec leurs Fermiers , par des avances
convenables , & par leur propre exemple ? M. de la Salle a pris de bonne
heure ce sage parti ; & il en a détaillé
les bons effets dans son ouvrage des
Prairies artificielles. Aussi lui en a-t-on
fait honneur. Mais par quelle fatalité
veut-il , contre toute évidence , que
la même route ne se trouve aucunement tracée dans les bons livres modernes ? Je crois qu'on lui rendroit un
bon office en publiant qu'il les a blâ-
més sur des rapports infideles qu'on
lui en a faits ; & que ses occupations

l'ont empêché de confulter ces livres mêmes.

A v a n t jufqu'ici expofé l'inconféquence de M. de la Salle, dans un degré de démonftration qui (j'ofe le dire) triomphe des plus forts préjugés ; il me refte à plaider contre lui une derniere caufe : celle de M. *Duhamel.* On ne fera pas furpris que je redouble mes efforts pour achever d'éteindre un écrit deftiné à flétrir des noms refpectables. L'imagination de M. de la Salle s'enflamme, fur-tout, quand il s'agit de cenfurer M. Duhamel : les termes peu mefurés, des injures même, fuffifent à peine à fa pétulance. Mais pour peu que l'on foit fur la réferve, on voit clairement qu'il a moins voulu attaquer en forme la nouvelle Culture, qu'indifpofer contre elle par des déclamations. Toute la critique qu'il en fait roule fur de fauffes inductions, ou fur des conjectures hazardées. En y répondant j'aurai le même avantage que j'ai conftamment eu jufqu'à cette heure, de battre M. de la Salle par fes propres armes, & faire voir qu'il a attribué à M. Duhamel des fentiments

oppoſés à ceux que ſes ouvrages annoncent de la maniere la plus poſi-
tive ; & que cet Académicien a depuis long - temps publié, ou réfuté
ſolidement, les objections qu'on prétend lui faire aujourd'hui. Venons
aux preuves.

M. Duhamel eſt un des Auteurs
accuſés dans le *Manuel d'Agricult. p.* iv
& v, de n'avoir pas ſeulement fait
la moindre mention des Pratiques Locales, & des principes qui doivent
ſervir de guide pour en faire l'application aux différentes terres, d'après
l'expérience. Si on a lu, ou ſi on veut
lire, le *Traité de la Culture des Terres*,
& les *Elémens d'Agriculture* ; deux Ouvrages que M. de la Salle a en vue
lorſqu'il attaque ce grand Naturaliſte
& Cultivateur : on ſera bientôt décidé
ſur cette allégation. Des Titres ſeuls
de Chapitres la réfutent. Tels ſont
premierement ceux des 7, 8, 13, &
15e. Chapitres du 1r. vol. du *Traité de
la Cult. des Terres* : où M. Duhamel
parle de l'uſage ordinaire pour le dé-
frichement des bois, des landes, des
prés, &c ; des différentes manières
dont on laboure relativement à la

qualité du terrein : une terre légere, une bonne terre à grain qui ne retient pas l'eau, une terre forte, & ainſi des autres, demandant des traitements différents. M. Duhamel y parle des labours en planches, & de ceux en ſillons; & des bonnes ou mauvaiſes façons dont ces labours s'exécutent; & l'on peut rapporter à ces principes généraux les pratiques des différentes Provinces. Il compare auſſi la culture ordinaire des Raves & des Navets pour le bétail; & celle des Bleds, & des Mars ; avec la méthode indiquée par M. Tull pour la culture de ces diverſes plantes. On préſume bien que toutes les pratiques ne ſont pas rapportées en détail dans ce livre ; celles d'une ſeule Province pouvant ſouvent fournir la matiere d'un petit volume. Ces mêmes objets ſont encore traités dans le 1ᵉʳ. Tome des *Eléments d'Agriculture*, livre ſecond, chapitres 1 & 2 qui compoſent enſemble dix Articles.

On voit auſſi des Pratiques Locales, rappellées dans la Préface du 1ᵉʳ. volume du *Traité de la Cult.* des *Terr.* p. xxxij & lvij; & des Obſervations judicieuses sur le sol général de certains cantons, p. liij : T. 2. p. 114, 374, & suivantes : T. 3 , p. ix, xij, xxxviij, 5, 45 &c, 143, 144 : T. 5, p. 482 : T. 6, p. 7, 32-4-5-6-9, 44-5-6, 86, 96, 167, 224, 226, 268, 269, 506 : & dans les *Eléments d'Agriculture* T. 1, p. v, 126 jusqu'à 157, 202, 222, 227, 271, 368-369, 389, 393, 402, 405 : T. 2, p. 8 & suivantes, 399, 400-06; & ailleurs : Toutes connoissances qui résultent des propres voyages de M. Duhamel , ou des avis contenus dans les Mémoires de ses plus exacts Correspondants. Les détails sur les différentes manieres de labourer & d'exploiter étoient même essentiels pour faire mieux comprendre les effets & la pratique de la nouvelle Culture.

De plus , toutes les instructions , toutes les expériences bien faites, qui sont distribuées dans ces nuit volumes , annoncent, ou supposent nécessairement, que l'on a eu égard aux Pratiques Locales & à la Différence des Terres , pour combiner ces notions & en tirer un parti avantageux. Tantôt ce sont des usages d'une Pro-

vince ou d'un Canton , que l'on met
en expérience à côté d'autres. Tantôt un même effai fe répéte avec exactitude fur des champs dont les qualités font plus ou moins oppofées. On
obferve les circonftances des faifons ,
la marche des évenements ; on ba-
lance les fuccès des divers procédés ,
on étudie enfin le Livre de la Nature;
& il en réfulte un précieux affemblage
de faits choifis & de principes lumineux, relatifs à toute efpece de culture.

QUAND M. de la Salle dit (*Man.
d'Agr.* p. 30) que le Laboureur amen-
de , feme & laboure toujours de même , fans *diftinction de terrein* , ce qui
occafionne un grand défordre ; croit-
il nous apprendre quelque chofe
que nous n'ayons pas déjà vû obferver
par M. Duhamel ? Cet Académicien ,
au contraire, infifte en beaucoup d'endroits, fur la routine par laquelle on
exécute ces opérations importantes ,
fans raifonner fur leurs effets relatifs
à la qualité du fol. Ainfi, dans le
10e. chapitre du 1r. volume du *Traité
de la Cult. des Terres*, cet Académicien ,
après avoir examiné ce qui réfulte du

plus ou moins de profondeur où les
femences fe trouvent placées, obferve (p. 129) que *dans un champ plein de
mottes, & inégal*, la plus grande partie
du grain s'amafle dans les fonds, pendant qu'il en refte peu fur les éminences : diftribution que l'on voit être
fort inégale, & qui fait que les grains
entaffés trop près les uns des autres fe
fuffoquent mutuellement, & venant
à avorter , occafionnent une perte
confidérable pour la récolte. D'ailleurs le grain qui fe trouve trop avant
en terre, ne léve point : tandis qu'au
contraire une partie, qui refte fans
être enterrée , devient la proie des
oifeaux.

Dans la Préface du même volume,
(*p.* liij) M. Duhamel demande « que
» l'on faffe attention que les terres
» qui font les meilleures pour produire
» du froment, font rarement très-bon-
» nes pour l'aveine ; & que les plus
» propres aux menus grains, four-
» niffent ordinairement peu de fro-
» ment ». D'où il tire cette conféquence naturelle, que le véritable
intérêt des Cultivateurs demande-
roit qu'on ne fît porter à chaque fol

que ce qui peut y réuſſir avec le plus d'avantage ; ſans s'aſtreindre à vouloir tirer du froment de chaque piéce de terre , puis des menus grains.

On trouve rappellée dans le 3e. volume (*p.* 150) » cette importante » maxime de labourage, *ſi peu prati-* » *quée par les Fermiers*, de ne jamais » faire travailler les charrues lorſque » les terres ſont trop humides ».

Nous y liſons encore (*p.* 155), qu'une même quantité de ſemence ne convient pas pour toutes ſortes de terres ; qu'il faut la varier avec intelli-gence, & la régler ſuivant les circonſ-tances du temps , & la bonne ou mauvaiſe préparation que l'on a don-née aux terres.

Puis (*p.* 204) M. Duhamel obſerve que dans les années ſéches , les grains doivent plus taller dans les bonnes terres franches , que dans les légeres , qui ſe deſſéchent promptement ; mais que quand l'année eſt humide & froi-de, les grains tallent plus dans les terres légeres que dans les franches ; celles-ci étant plus froides.

Une multitude d'autres endroits dépoſent pareillement contre M. de la Salle , que les ouvrages de M. Duhamel ont fait une ample mention des choses qu'il prétend y avoir été absolument omises.

Qu'il faille que les *Propriétaires* conviennent avec les Fermiers sur les moyens de tenir leurs terres en bon état de culture ; c'est un article qui a encore été traité par M. Duhamel : quoique M. de la Salle assure le contraire. Ainsi , dans la Préface du 1ᵉ. volume du *Tr. de la Cult. des Terr.* lit-on (p. liv) que « souvent une partie » des terres d'une grosse ferme est » très - propre pour le froment, pen- » dant qu'une autre n'est bonne que » pour les menus grains ; dans ce cas » un Propriétaire feroit l'avantage de » son fermier en lui permettant de » déranger les soles pour les employer » à produire l'espece de grain qu'il » sçaura par expérience y mieux réus- » sir ». On reconnoît là ce que j'ai déjà eu plusieurs fois occasion d'observer ; que M. Duhamel est d'avis que l'on consulte le Laboureur , pour profiter de l'acquit que lui a donné l'ex- périence, & qu'ensuite on la dirige vers la perfection par les principes lumineux des obfervations & de la fcience.

Dans le 2ᵉ. volume du même *Trai-té*, p. 344, M. Duhamel dit qu'il faut » que le Maître s'occupe lui-même de » la nouvelle Culture ; fans quoi , » point de fuccès ; vû que l'on ne » peut gueres attendre d'un fermier » l'attention de ne négliger aucun des » articles de cette méthode ». Cet avis important eft répété dans la Pré-face du 4ᵉ. volume, *p.* xiv ; où l'on voit que quand « on abandonne cet-» te culture à des valets , leur attache-» ment aux anciens ufages, leur pa-» reffe , leur peu d'intelligence , leur » nonchalance pour ce qui peut aug-» menter le produit des terres, l'un » ou l'autre de ces motifs influent » prefque toujours fur les travaux.. ....&c. *Voyez* encore les pages 69 & 386 du même volume ; & le Tome 5. p. 60 & 151.

M. de la Salle qui, comme on l'a vû ci-deffus (*p.* 41), avertit les Propriétaires qu'ils ont des moyens de mettre en valeur des terres incul-tes fans en prendre la peine par eux-mêmes, ne défavoueroit pas ce que dit M. Duhamel dans le 6e. volume du *Tr. de la Cult. des Terr.* p. 218, & dans les *Elem. d'Agric.* T. 1. p. 217-18, qu'un Propriétaire fait très-bien « d'abandonner ses mauvaises » terres à des Paysants, qui seuls peu- » vent en tirer parti : attendu que ce » sont eux qui exécutent avec leur » famille les travaux de fouille, d'é- » pierrement, &c, dont le Proprié- » taire ne viendroit à bout avec des » gens de journée qu'à grands frais ». Il peut aussi aider les Paysants, de ses avis, pour qu'ils trouvent mieux leurs intérêts dans cette entreprise.

Dans le 1r. volume des *Eléments d'Agriculture* (p. xj & xij), ce zélé Pa- triote donne en peu de mots, aux Propriétaires, une suite de conseils importants ; que, sans doute, on me sçaura gré d'avoir transcrits ici. « Pour que les domaines fussent te- » nus en bon état, il seroit à désirer » que les Propriétaires les fissent va- » loir par leurs mains ; ou qu'au moins » ils voulussent présider aux opéra- » tions. Les Fermiers, peu instruits » des recherches que l'on a faites sur » l'Agriculture, & qui ne sont pas

» affez opulents pour rifquer des expé-
» riences, ne connoiffent que leur rou-
» tine ordinaire : & comme ils ne font
» qu'ufufruitiers, ils n'ont point d'au-
» tre objet que de tirer tout le profit
» poffible des terres qu'ils tiennent
» à loyer, fans s'embarraffer de les
» dégrader. Les Propriétaires, ordi-
» nairement plus inftruits, ne perdent
» pas de vue l'amélioration de leur
» fond ; & ils tendent continuelle-
» ment à perfectionner leurs opéra-
» tions. Mais rien ne dégrade tant une
» terre, que de la louer en entier à
» des gens riches, qui s'engagent de
» faire bon des deniers. Ces mercé-
» naires tirent parti de tout : ils dé-
» gradent les bois, négligent l'entre-
» tien des prés, ruinent les fermiers
» & les pauvres habitants des campa-
» gnes. Dès que les uns ou les autres
» ne fe trouvent pas en état de payer
» aux échéances, ils font tout faifir ;
» grains, beftiaux, uftenfiles de la-
» bourage, &c ; pourvû qu'ils tirent
» un gros profit de leurs baux, leur ob-
» jet eft rempli. Ces cœurs durs & avi-
» des ne font nullement fenfibles aux
» cris des miférables qu'ils écrafent.

» Quelle différence entre une pa-
» reille régie, & celle de ces Proprié-
» taires vertueux & amis de l'huma-
» nité, qui s'intéressent au progrès
» de l'Agriculture, & dont j'ai (dit-
» il) fait ci-devant mention ».

Le 4ᵉ. Article du 12ᵉ. livre des mêmes *Eléments* (Tome 2), roule en-
tièrement sur l'utilité dont seroient
en certains cas, pour l'avancement
de l'Agriculture, les Baux à longues
années.

M. de la Salle a cependant assuré
que M. Duhamel n'avoit pas fait la
moindre mention du concours des
Propriétaires avec leurs Fermiers,
comme très-avantageux & même nécessaire à la réforme qu'exige l'état
actuel de notre Agriculture. J'avoue
que M. Duhamel n'a pas présenté un
Propriétaire dans l'action où M. de
la Salle s'est peint lui-même par rapport à l'établissement de ses *Prairies
artificielles*. Mais avoir parlé de sa
méthode avec beaucoup d'éloge,
n'est-ce pas avoir invité les Propriétaires à suivre l'utile exemple qu'il
leur a donné ?

Tantot cet Ecrivain prétend que
M.

M. Duhamel & tous les autres *n'ont pas feulement fait mention* de ce que lui feul a découvert comme des moyens uniques (*p.* iv) : tantôt il fe contente de dire que, quoique l'expofé de ces mêmes prétendues découvertes » ne foit, pour ainfi dire, que l'Al-» phabet de l'Agriculture, ... tous » nos Auteurs & Ecrivains modernes » y ont pleinement échoué lorfqu'ils en ont » traité : p. xvj & xvij ». Eft-ce contradiction, ou un fimple oubli, dans M. de la Salle, que ces phrafes oppofées fur un même fujet ? A-t-il intention d'expliquer, de modifier peut-être, dans le fecond texte, ce qu'il avoit hazardé dans le premier ? Quoi qu'il en foit, voyons fi M. Duhamel a pleinement échoué lorfqu'il a traité des *Prairies Artificielles.* Car c'eft un de ces moyens fimples dont M. de la Salle prétend avoir feul parlé, au moins de maniere à en apprendre le véritable ufage. Il a probablement fenti après coup que c'étoit aller contre l'évidence que de dire affirmativement, comme il avoit fait d'abord, que M. Duhamel n'avoit pas traité cet objet.

E

Selon M. de la Salle (*p.* vij & viij)
c'est avoir touché le point de la
« pleine prospérité de l'Agriculture ,
« que d'avoir mis les Cultivateurs
» en état de bien exécuter l'opéra-
» tion de l'engrais , qu'il est question
» de toujours renouveller & entrete-
» nir sur la totalité de leurs corps de
» ferme , si considérables qu'ils puis-
» sent être , pour les maintenir en
» parfaite valeur. Et ne pouvant y par-
» venir que par les Prairies & les bes-
» tiaux ; on doit rendre sensible aux
» Cultivateurs que , dans les pays &
» cantons où la nature n'a point éta-
» bli de Prairies , ou n'en a pas établi
» assez , ils peuvent y suppléer par des
» établissements de Prairies Artificiel-
» les ». Personne ne pouvant contester que M. Duhamel ait beaucoup in-
sisté sur l'importance & la nécessité
des Prairies Artificielles , dans chacun des six volumes qui composent le
Traité de la Culture des Terres , & dans
les deux Tomes des *Elémens d'Agriculture* , il seroit superflu de s'arrêter à
démontrer ce fait. Toute la question
semble donc réduite par M. de la
Salle même (*p.* viij) à sçavoir « s'il n'y

» a que lui qui ait fixé raisonnable-
» ment la quantité de ces Prairies,
» pour ne pas faire tort aux Jachères
» & à la pâture des Bêtes-blan-
» ches ».

Je n'hésite point à convenir hautement que cet Auteur a tracé une
bonne méthode de pratique à cet
égard, dans son Traité des *Prairies Artificielles*. On a vû ci-devant (p. 59 &
60) que MM. Duhamel & Pattullo se
sont fait un plaisir de lui rendre cette
justice. Mais, de ce qu'une chose
est bonne, s'ensuit-il qu'elle soit excellente & parfaite ; qu'elle doive
être suivie, à l'exclusion absolue de
toutes les autres ? On peut encore
moins en conclure qu'il n'y a aucune
de celles ci qui ne soit très-vicieuse.
Je n'outre pas la pensée de M. de la
Salle : si M. Duhamel & tous les Modernes, excepté lui, *ont pleinement
échoué* quand ils ont traité des Prairies
Artificielles, ils sont donc dans le
faux ; & lui seul, dans le vrai. D'ailleurs j'ai déja eu occasion de faire remarquer en partie le ton fastueux avec
lequel il s'annonce pour terrasser les
Héros, anéantir tous ceux qui de nos

jours ont pris la plume ou qui par la suite oseront le faire pour écrire sur l'Agriculture. De-là il se juge capable de dicter des Loix, & offrir aux respects de *l'Univers* Cultivateur, le nouveau MANUEL, comme devant être le livre des Princes, le *seul Rudiment* de tous les Colléges, &c. *Voyez sa page* 484. L'ordre des matieres ne me forcera que trop souvent de montrer encore M. de la Salle dans cette attitude de suffisance. J'ajoûte seulement ici une phrase qui acheve de développer le sens que j'ai donné à sa façon de penser. Après avoir répété que c'est à lui qu'est dûe la « découverte » de la véritable méthode de l'Agri- » culture, dans chacune de nos pra- » tiques locales ; il dit qu'il en ré- » sultera que *désormais on ne s'avisera* » *plus de proposer d'autres méthodes,.. &* » *qu'on sçaura à quoi s'en tenir* » : (MA- NUEL D'AGRIC. *p. xv.*)

Le fond de la question relative aux Prairies Artificielles, est un objet si important pour l'Agriculture, que la comparaison un peu détaillée du Système de M. de la Salle avec celui de M. Duhamel, mérite l'attention de tous ceux qui s'intéreſſent aux progrès de l'Agriculture. D'ailleurs l'état de cette queſtion, telle que M. de la Salle l'a propoſée (ci · devant *p.* 99) nous conduit encore à apprécier l'avantage & la pratique des Jachères, & à examiner ſi elles doivent indiſpenſablement faire partie de lapâture des bêtes à laine. Pour traiter plus commodément ces grands objets, je les diviſerai dans les Paragraphes ſuiv.

§ III.

Parallele du Syſtême de M. de la Salle avec celui de M. Duhamel, concernant les Prairies Artificielles.

Nous avons reçu des Anglois modernes la dénomination de *Prairies Artificielles,* ou *Pâturages Artificiels.* Ils nomment ainſi des raves, navets, trefles, ſainfoins, luzernes, & autres racines ou herbages propres à nourrir le bétail. Les anciens Ecrits ſur l'Agriculture ont fait mention de pluſieurs de ces plantes , & ont rendu ſenſible l'avantage de les cultiver. Depuis, on a pareillement inſiſté ſur la culture de ces plantes si utiles, & si propres à être substituées au fourrage des prés naturels.

Il y a déja du temps qu'en France & ailleurs on a plus ou moins suivi cette pratique, dont il résulte un fort grand bien pour le bétail, & pour l'amendement des terres. Ainsi, aux environs de Perpignan, lorsqu'on a un terrein que l'on peut arroser, l'usage est d'y semer du trefle aussi-tôt après la récolte, sur le chaume même du froment ; on l'arrose aussi-tôt, & encore plusieurs fois pendant l'été ; & durant l'hyver on le fait paître aux moutons & aux agneaux. Ceux qui n'ont point de troupeaux s'accommodent de leurs herbes avec les Fermiers de la montagne qui ont des troupeaux qu'ils ne peuvent nourrir à cause que leurs terres sont couvertes de neige : cette récolte produit un revenu considérable. Au printems, quand l'herbe a été mangée en verd par le bétail, on arrose le terrein ; le trefle repousse fort vîte ; on le fauche lorsqu'il est en fleur, & on le fane pour le serrer avec les autres foins. Immédiatement après cette récolte,

on fume la terre ; & ceux qui ne crai-
gnent pas de l'épuiſer, la labourent ,
& y ſément des haricots ou du millet , après la récolte deſquels ils labourent pour ſemer du froment. (*Tr.
de la Cult. des Terr.* T. VI, p. 35, 36).

La Hollande , la Flandre , l'Ar-
tois, la Picardie , ſont depuis long-
temps accoutumés à répandre la
graine de trefle , au printemps , ſur le
froment , le ſeigle ou l'aveine , déja
levés ; pour que le trefle ſe trouve un
peu fort au temps de la récolte ;on
le coupe pluſieurs fois pendant deux ,
trois , ou quatre ans. Enſuite de quoi
la terre ſe trouve aſſez amendée pour
qu'il ſuffiſe de retourner le trefle ; her-
fer , & ſemer du froment , ſans autre
labour. Dans l'iſle de France , en Lan-
guedoc , en Dauphiné, &c. on ſeme
depuis long-temps beaucoup de trefle
& de luzerne; en Bourgogne, en Normandie, &c, du trefle ; en Beauſſe, en
Gatinois , & dans quantité de provinces, du ſainfoin ; en Bretagne , en Li-
mouſin , de gros navets , des choux ,
des carottes , du jonc marin.

Nous voyons dans les *Elémens du
Commerce*, T. I. éd. de 1754, p. 221

& suivantes, des détails circonstan-
ciés sur l'usage des prairies artificielles dans plusieurs Provinces d'Angleterre. On y observe particulièrement
en quelques endroits une alternative
de récoltes & de pâtures : *p.* 223, 229,
243 - 46 - 47, 260. « L'Agriculture
» Angloise ne sépare point la nourri-
» ture des bestiaux, du labourage ; soit
» à cause du profit qu'elle donne par
» elle-même, soit parce qu'elle-mê-
» me fertilise les terres » : dit cet habile & judicieux Auteur, *p.* 229.

Je ne sçai depuis quand subsiste à
S. Domingue l'usage où sont plusieurs Habitants, de substituer à leurs
prairies naturelles une plantation de
sucre accompagnée de différentes
plantes destinées au bétail, dans le
même pré. Toujours est - il certain
que cette pratique a augmenté les
revenus de ceux qui l'ont suivie. *Traité
de la Cult. des Terr.* T. I. p. lvij.

M. Tull observe que par-tout où
l'on a établi des Prairies Artificielles,
on se trouve en état de nourrir par
leur moyen beaucoup plus de bétail,
que lorsqu'on est réduit aux seuls prés
naturels. Il assure même que cet avan-

tage fait un dixième de différence, dans les climats les plus froids ; & qu'au moins on peut en nourrir deux fois plus que le nombre ordinaire, dans les endroits où l'Agriculture est peu avancée. Ou, si l'on n'en nourrit pas plus qu'avec l'herbe commune, (dit-il encore), ces animaux seront toujours mieux nourris : *Horse-Hoing Husbandry*, Chap. 4. Consultez aussi le *Traité de la Cult. des Terres*, T. 4. p. 522 ; & T. 6. p. 154-55-56-57.

En effet on ne peut contester qu'un arpent de luzerne, par exemple, produit plus d'herbe que n'en donnent six arpents de bon pré. Voyez-en la preuve de calcul, & par des faits, dans le *Traité de la Cult. des Terr.* T. 3, p. xl ; Tome 4, p. 25-6, 316-17-18-19 ; Tome 5, p. 527-28-29.

M. Duhamel, instruit par sa propre expérience, a toujours parlé à l'avantage des Prairies Artificielles ; nommément encore dans le 5e Volume du même *Traité*, p. xxvj, xxvij, & 577. Il y a dans le 6e Volume un Chapitre de 36 pages, qui concerne ces Prairies. Après y avoir exposé le

produit essentiel que rend toute espece de bétail, M. Duhamel ajoute
que l'on ne peut donc trop multiplier
les bestiaux ; mais que, comme il est
indispensable de les nourrir, il est
également indispensable de se procurer des pâturages. Cet Auteur bien
versé dans tout genre de culture,
donne ensuite une notion succincte,
mais très-juste, des diverses qualités
de prés ou de pâturages naturels, &
de la maniere dont on en tire le meilleur parti. Puis il dit (*p*. 245 : « Lors-
» qu'on n'a pas de terrein propre à
» faire de bons prés naturels, il faut
» avoir recours aux prés artificiels. On
» les forme en semant dans des terres
» bien labourées, certaines plantes
» très-vigoureuses qui, poussant avec
» force, produisent beaucoup d'her-
» be agréable au bétail. Je ne parle
» ni des pois de brebis, ni de la vesce,
» ni de l'escourgeon, ni du seigle que
» l'on coupe en verd pour la nourri-
» ture du bétail pendant l'été, ou
» qu'on fanne pour le nourrir l'hiver :
» (Voyez le 4ᵉ Volume du *Traité de la*
» *Cult. des Terres*). Ces plantes annuel-
» les, non plus que les gros navets

» dont nous avons donné la culture
» dans les Tomes I, III & IV, ainfi
» que les pommes de terre, ne for-
» ment pas, abfolument parlant, des
» prés artificiels, quoique ces racines
» foient d'un grand fecours pour la
» nourriture du bétail. Les plantes vi-
» vaces, dont on a coutume de former
» des prés artificiels, font ordinaire-
» ment le trefle, le fainfoin, la luzerne,
» le fromental, tous les ajoncs. On
» pourroit encore effayer de cultiver
» les plantes & les arbuftes qui pro-
» duifent des fleurs légumineufes; car
» les beftiaux en font fingulièrement
» friands. En quelques campagnes on
» coupe les fommités du genêt quand
» la fleur eft paffée, on fait fécher ces
» jeunes branche, on en nourrit les
» moutons pendant l'hiver ».

Mettant à part fix efpèces confidérables de nourritures déjà ufitées
en nombre d'endroits, fur-tout en
Angleterre, comme pâturages artificiels; M. Duhamel nous montre une
heureufe abondance de plantes viva-
ces, également agréables au bétail, à
qui elles fourniffent une nourriture
fucculente.

E vij

On trouve encore dans le 5e Volume du même *Traité*, p. xix, le conseil de « destiner quelques arpents des
» meilleures terres d'une ferme, à for-
» mer un potager que l'on cultivera
» avec la même charrue dont on se
» sert pour les terres à grains : les
» gens du fermier en seroient mieux
» nourris ; & ce qui lui resteroit de
» cette récolte, tourneroit au profit
» du bétail ». Nombre de plantes Ombelliferes, & de celles qui ont leurs Fleurs en Croix, augmentent donc la liste importante de ce que M. Duhamel indique pour former des Prairies artificielles.

La culture du sainfoin & celle de la luzerne sont traitées dans les tomes 1, 3, 4 & 5. M. Duhamel détaille dans le 6e, (*p.* 146 & suivantes) les cultures du trefle, du fromental & de la spergule. Il traite encore de la luzerne & du sainfoin, dans les *pages* 152-53-54-55-56-57-59, 160-61. Les suivantes contiennent un précis du livre des *Prairies Artificielles*, de M. de la Salle, avec des réflexions qui en font l'éloge. Entre autres choses dignes d'un Ecrivain aussi judicieux

que se l'est toujours montré M. Duhamel, on observe particuliérement
(*p.* 165) que, malgré l'espece de
profusion qu'il vient d'exposer à nos
yeux, il dit que M. de la Salle « a
» bien fait de se borner au sainfoin,
» puisqu'il a reconnu qu'il réussit dans
» ses terres rousses [incapables d'ali-
» menter du grain]. Puis il ajoûte :
» Ailleurs on fera bien de préférer la
» luzerne, qui donne beaucoup plus
» d'herbe ; dans d'autres endroits on
» tentera les navets, dont M. France
» se trouve très - bien, ainsi que les
» Anglois » : [Voyez les *Eléments du*
Commerce, Tom. I. p. 259]. « Le
» trefle, la spergule, le fromental
» pourront avoir des avantages en
» d'autres circonstances, &c. » Quand
on voit les objets avec l'avantage
que donne la supériorité des lumieres, on se plaît ainsi à éclairer, à
rassurer, encourager, louer les tentatives, & présenter les choses du
côté qui peut leur être favorable. Personne ne se plaindra d'avoir été cen-
suré avec hauteur ni affectation dans
aucun ouvrage de ce Citoyen respec-
table : lorsqu'il a cru devoir avertir

des méprises de quelques Cultivateurs, afin d'en garantir les autres, il
a toujours conservé les égards que
l'humanité & la bienséance ont droit
d'attendre d'un galant homme.

A la suite de la Méthode de M. de la
Salle, on trouve dans le même Chapitre 2 du 6e Vol. *de la Cult. des Terr.*
le plan du Système de M. Pattullo. Enfin M. Duhamel traite en particulier
de l'Ajonc, & des Pommes de terre ;
dont la culture, assez neuve pour
nous, y est bien circonstanciée.

Tout cela se trouve rappellé dans
le 2e. volume des *Elémens d'Agriculture*, p. 109 & suivantes ; mais avec
de nouveaux détails instructifs, tant
pour l'entretien des pâturages naturels, que pour la culture des prairies
artificielles. M. Duhamel, toujours
attentif à multiplier les avantages de
l'Œconomie rurale, loue (*p. 123*)
MM. de la Société de Bretagne, d'a-
voir résolu de faire cultiver séparément presque toutes les plantes qui
viennent d'elles - mêmes dans les
campagnes de cette Province, afin
de pouvoir par la suite reconnoître
celles qui fournissent le plus d'herbe,

& dont le fourrage eſt le plus agréable au bétail. Puis il invite à étendre
de ſemblables eſſais ſur les plantes
étrangeres. Tout ce qui regarde la
luzerne & le ſainfoin , dans les ſix
Volumes du *Traité de la Culture des Ter-*
res , ſe trouve ici rapproché , & réduit en principes , depuis la *p.* 124
juſqu'à la 140ᵉ. M. Duhamel dans les
articles ſuivants , traite de même le
trefle , le ray - graſſ, le fromental ,
l'ajonc. Il employe tout le 3ᵉ Chapitre , à parler *de pluſieurs Herbages qui*
ſervent à la nourriture du bétail , ſoit en
verd, ſoit en ſec : ce ſont des plantes annuelles; la ſpergule ou eſpargoule , le
ſeigle , l'eſcourgeon ou orge quarrée ,
le maïs, la veſce , les pois de brebis ,
la féverole , les choux. M. Duhamel
y joint ce que l'on appelle maintenant *Fourrage verd* , qui eſt un mélange de toutes ſortes de criblures, ſemé ſur un côteau à l'abri , où l'on en-
voie les troupeaux pendant l'hiver :
Conſultez les *pages* 159 & 160. Dans
la 161ᵉ, ce grand Maître en Œconomie accumule de nouveaux ſecours
de fourrages , en avertiſſant ſimple-
ment que les feuilles de toutes ſortes

d'arbres, cueillies peu avant leur chû-
te, sont très-bonnes à sécher pour
nourrir les vaches & les moutons durant l'hiver; que les rameaux & les
feuilles de la garance, & la fane du
safran, plaisent beaucoup aux vaches;
mais que cette derniere herbe com-
munique au beurre un goût désagréa-
ble. Le 4e Chapitre est destiné aux
*Racines qu'on cultive pour la nourri-
ture du bétail*, & que les Anglois mettent au nombre des pâturages artificiels.

Ici M. Duhamel, toujours habile à
saisir les moyens d'étendre nos avantages, répand sur ces objets un jour plus
lumineux, ce semble, que dans le *Traité
de la Culture des Terres*. L'usage, & la
culture de chaque plante séparément,
font des tableaux auxquels on ne peut
que s'intéresser quand on aime l'Œconomie rurale : il y est question de la
pomme de terre, (la Patate, ou Truffe
rouge), du topinambour, des navets,
raves, & carottes. Tout cela occupe
depuis la *page* 109 jusqu'à 181. Il est
aussi à propos de consulter les *pages*
405-6-7 : le souci est ajouté, dans cette derniere page, aux autres herbes

utiles pour le bétail. Je dois encore indiquer ici la trainaſſe, ou centinode, que l'on nomme auſſi renouée ; dont M. de Montſoury a recueilli un foin égal en valeur au froment parmi lequel cette plante avoit beaucoup profité : comme on le voit dans une Lettre de ce Cultivateur, rapportée à la *p.* 82 du 2ᵉ Volume du *Traité de la Culture des Terres.*

Voilà certainement une matiere traitée avec toute l'étendue que mérite l'importance dont elle eſt pour l'Agriculture. Un avantage de ces récapitulations qui compoſent les *Eléments d'Agriculture* eſt, qu'elles forment par elles-mêmes un Œconome, & qu'elles le dirigent ſuffiſamment pour qu'il ſoit en état d'agir en conſéquence, & de réuſſir. Des principes courts, des idées nettes, des expreſſions & un ſtyle qui y répondent, un ordre pour les opérations ſemblable à celui de la Nature, enfin l'attrait d'une utilité que le ſimple expoſé rend ſenſible, ſont le bel Art que ce zélé Patriote emploie pour engager les hommes à profiter des reſſources que leur offre une bonne Agriculture.

Nous n'avons garde de vouloir déprimer la méthode proposée & si heureusement exécutée par M. de la Salle, pour établir des Prairies artificielles, & améliorer ses fermes. Le parallele que nous nous sommes proposé d'en faire, n'a d'autre objet que de faire connoître combien M. Duhamel lui est supérieur à cet égard : loin d'avoir *pleinement échoué*, ainsi que M. de la Salle a hazardé de le dire.

C'est rendre justice à ce Cultivateur, que de dire avec M. Duhamel, qu'il *a bien fait de se borner à la culture du sainfoin*, puisque cette plante réussissoit dans des terres peu propres à la culture des grains. Ces parties jusques-là inutiles cesserent de l'être : l'herbage dont elles se couvrirent servit à nourrir du bétail, qui fournit ensuite des fumiers suffisants pour rendre le reste des terres plus fertile. Son domaine devint ainsi, par degrés, plus considérable par le produit des terres & le nombre des animaux.

On voit bien, dans les *Prairies Artificielles* & dans le *Manuel d'Agriculture*, que M. de la Salle connoît l'avantage que peuvent donner la culture du trefle & celle de la luzerne : & il a raison (*Man. d'Agr.* p. 404-5) de donner au sainfoin la préférence , en le considérant comme une plante qui n'est point difficile sur la qualité du terrein , & que l'on peut sans risque abandonner au bétail.

Mais cet Auteur ne prend-il pas trop sur lui, quand il prétend (*p.* 405, 406) que cette herbe , semée clair, & à plus forte raison par rangées , comme dans la nouvelle Culture, pousse des tiges trop grosses & trop dures ; & que les feuilles n'en sont plus assez fines & tendres , pour que les bestiaux les mangent volontiers séches? Il se fonde sur une parité qu'il établit entre le foin des prés naturels , & celui-ci. « Qu'on fasse attention » (dit-il *p.* 405) que ce qui rend le » foin des prés naturels préférable à » toute autre sorte de foin , c'est que » l'herbe des prés est toujours extrê- » mement fine & tendre ». Ce fait n'est admissible que pour certaines sortes d'herbes, & qui ne sont pas les plus communes de nos prairies. On ne voit que trop souvent le foin garni de Jacées & d'autres plantes presque ligneuses, ainsi que d'herbe dure & insipide : sur cent bottes, à peine en rencontrera-t-on cinq d'herbe douce, fine, agréable à l'odorat. Tout bétail en fait promptement la différence.

Qu'on leur laisse encore le choix des prairies naturelles, ou de celles qu'on nomme aujourdhui artificielles ; on les voit toujours préférer celles - ci, tant en sec qu'en verd ; & saisir par instinct l'excellence de celles qui ont été cultivées suivant la nouvelle Méthode. M. de la Salle n'avoit donc pas suffisamment observé les chevaux ni les bestiaux, puisqu'il vient de dire que le foin des prés naturels est préférable à tout autre. Les animaux pour qui nous destinons l'une & l'autre nourriture, ont un sentiment qui les rend juges irréformables à cet égard. Oui, c'est en vain que M. de la Salle voudroit intimider les Cultivateurs en leur faisant entendre que le bétail rebutera le sainfoin ou la luzerne dont les tiges seront grosses. Ces plantes succulentes, cueillies & séchées à propos, suivant que l'enseigne M. Duhamel dans les endroits indiqués ci-devant, conservent l'odeur agréable, la saveur exquise, & la souplesse, qui servent d'attrait au cheval & autres animaux pour lesquels nous ménageons cette herbe. Consultez le *Traité de la Culture des Terres* T. I. p. 260-61-64-65 ; T. IV. *p.* 520-21 ; T. V. *p.* 71-2-3-5-6-7, 529 : & les *Eléments d'Agriculture* T. II, p. 129, 133 & 134.

Au reste, s'il y a quelques tiges de sainfoin auxquelles on puisse reprocher d'être dures, ce sont assurément celles qui ayant eu la liberté de prendre toute leur croissance, ont subsisté dans le champ jusqu'à la parfaite maturité de leur graine. Cependant ces mêmes plantes, dans la nouvelle Culture servent encore à affourrer le gros bétail ; qui *les préfere au gros foin des prés bas, & à la paille du froment.* Pour qu'il les mange bien, on a seulement l'attention de les hacher à-peu-près comme l'on hache la paille en Espagne, en Allemagne, & depuis quelque temps parmi nous ; ou de les battre avec des maillets, de même que l'on fait pour l'ajonc dans quelques Provinces. *Traité de la Cult. des Terres*, T. I. p. 262.

De plus, M. Duhamel dont le témoignage est toujours conforme à l'exacte vérité, m'a dit que des rameaux d'une luzerne qu'il faisoit cultiver suivant la nouvelle Méthode, devinrent gros comme du bois de sarment, & se trouverent cependant très-tendres, en sorte que ses chevaux & son bétail les mangeoient avidement & sans en rien laisser perdre.

Il a aussi rapporté d'après quelqu'un de ses correspondants, qu'ayant mêlé de grosse luzerne cultivée, & de la luzerne ordinaire plus fine, les bestiaux commençoient par manger la grosse qu'ils trouvoient apparemment plus à leur goût : il n'y a rien là de surprenant ; les grosses racines, les gros légumes, sont communément plus tendres que les autres.

Un succès si marqué, joint à celui du produit abondant du sainfoin cultivé suivant les nouveaux principes, démontre pleinement la supériorité de cette méthode sur la pratique commune. Et en conséquence nous pouvons dire que si M. de la Salle eût

connu & voulu fuivre le fyftême de
M. Tull, dans le temps qu'il fit de fi
louables efforts pour établir fes Prairies artificielles, il fe feroit épargné
beaucoup de peine & de dépenfe, &
fes opérations euffent été plus promptement fuivies de la réuffite. Au lieu
que la Méthode vulgaire, deftituée
de lumieres fuffifantes, ne le fecon-
doit qu'avec une *lenteur* dont il fe
plaint, & qui lui occafionna d'inutiles dépenfes : (*Manuel d'Agricult.* p.
570-71.) Il doit fçavoir mieux que
beaucoup d'autres, combien eft précieux le temps que l'on donne aux travaux de l'Agriculture ; que la célérité de l'exécution augmente confi-
dérablement la fomme des produits ;
& que tout retard eft proportionnel-
lement préjudiciable. Voyez encore
ce que M. Pattullo dit d'analogue aux
réflexions précédentes, dans fon *Effai
fur l'Amélioration des Terres*, p. 161.

Terminons cet article par obferver
que M. Duhamel ne confeille pas de
cultiver toutes les Prairies artificielles. Il dit expreffément qu'on doit
femer la luzerne en plein, quand on
fe propofe de remettre les terres en

grain après les avoir laissé reposer quelques années ; mais qu'il faut les cultiver suivant la nouvelle méthode quand, ayant peu de terre propre à cette plante, on desire la conserver long-temps dans le même terrein.

§. IV.

Des Jachères

J'ai eu ci-devant occasion (*p.* 79 & 80) de montrer que tantôt M. de la Salle regarde les Jachères comme indispensables dans une bonne Agriculture, & qu'ailleurs, il convient qu'il y a des terres heureuses où l'on s'en passe fort bien. Je pourrois me renfermer dans le droit que cette variation me donne, de demander que tout ce qu'il dit sur cette matiere, soit traité comme des inconséquences, jusqu'à ce qu'il se soit tiré de la contradiction où il s'est mis avec ses propres principes. Mais cette maniere de procéder, qui suffit souvent pour le triomphe d'une cause, ne rempliroit pas mes principales vûes : je pense moins à confondre M. de la Salle, qu'à dé-

fendre

fendre les Auteurs d'Agriculture qu'il attaque injuſtement ; & à éclairer les perſonnes qui ont beſoin de l'être, ſur le ſyſtême de M. Tull.

On nomme *Jachères*, des terres qu'on laiſſe repoſer ; & à qui, durant l'année de repos, on donne pluſieurs labours, & des engrais, pour y ſemer du froment l'Automne ſuivante. Ces labours répétés ſubſtituent une terre nouvelle à celle qui a été fatiguée par les précédentes récoltes. Si l'on pouvoit renouveller en moins de temps la terre & l'engrais, on feroit bien de ſupprimer les jachères, qui produiſent une non-valeur. Ces notions ſont avouées de M. de la Salle : puiſqu'il dit, (*Man. d'Agric.* p. 8) « qu'en » ne faiſant valoir à la bêche qu'environ deux à trois arpents au plus, » il n'eſt pas ordinairement queſ- » tion de jachères ; y ayant bien plus » de facilité à exécuter, ſoit le re- » nouvellement de l'engrais, ſoit le » renouvellement de terrein ». D'où il réſulte que ce pourroit être un uſage ordinaire, que de ne laiſſer en jachère aucun champ, toutes les fois que l'amendement & les labours en

seront aussi faciles à exécuter que
dans deux ou trois arpents cultivés à
la bêche. Pour y parvenir, il ne s'agit
que de proportionner les forces & le
temps à l'étendue d'un vaste terrein, dans la même raison que pour
celui de trois arpents. Puis donc qu'il
est incontestablement vrai que le labour à la bêche emploie beaucoup
moins de forces, & plus de temps,
que celui qui se fait avec la charrue;
on n'aura pas besoin de jachères dans
un champ de 60 à 90 arpents, si l'on
peut se procurer un instrument qui
surpasse 20 ou 30 fois la bêche, tant
en puissance qu'en célérité; & qui
fasse un aussi bon labour. Il faut supposer que ces deux instruments agissent dans des terres de qualités semblables. Or la force du levier, &
celles de l'homme qui le meut, join-
tes aux forces des animaux qui tirent
la charrue, produisent une puissance
au moins vingt fois égale à celle de
la bêche mue par un homme, qui
peut très-bien cultiver annuellement
trois arpents, en ne se servant que
de la bêche. La vîtesse de la charrue
peut bien aussi faire une différence

de dix à un , sur le travail de la bêche. Si nous voulions suivre ces calculs , les loix de la Méchanique nous fourniroient une progreſſion bien plus étendue. Mais pour le moment cette ſuppoſition me ſuffit ; parce que je vois une ſorte d'unanimité pour évaluer à environ 75 ou 100 arpents au total , le travail d'une charrue ; plus ou moins , à proportion de la force ou de la légereté des terres ; mais toujours , ſoit que l'on partage le corps de ferme compoſé de ce nombre d'arpents , en trois ſoles , dont une eſt en jachère ; ſoit que , ne cultivant que des Mars , on ſéme chaque année ſans repos toutes les terres de la ferme ; ainſi que l'obſerve expreſſément M. de la Salle , *pp.* 10 , 12 & 13 , de ſon *Manuel d'Agriculture.*

Je conviens que le travail de la charrue, tel qu'il s'exécute à l'ordinaire, eſt conſidérablement inférieur à celui de la bêche. C'eſt pourquoi l'on ſe voit comme forcé à perdre tous les ans un tiers du produit, pour ſuppléer par le nombre des labours, à l'ameubliſſement que la bêche opere à une profondeur de dix à douze pouces. La routine

& le défaut de connoissances suffisan-
tes, laissent toujours au laboureur le
regret de ne pouvoir parvenir avec sa
charrue aussi bas que la bêche, dans
des terres qui ne sont pas meubles
par elles-mêmes.

M. de la Salle trouve que « la gran-
» de science de l'Agriculture consiste
» à sçavoir quand il convient d'em-
» ployer ou de supprimer les jachè-
» res : *p.* 244 ». Je ne refuserai pas de
souscrire à cette proposition dans le
sens que je viens de lui donner. D'ailleurs, elle contient un aveu dont je
me prévaudrai dans un moment. Mais
je me garderai bien d'ajouter, comme M. de la Salle le fait immédiatement après : Que « dans toute l'Agri-
» culture . . . . . il n'en est de cette
» suppression, vis - à - vis de l'usage
» des jachères, que comme d'une
» exception à l'égard d'une regle gé-
» nérale ». Cette prétendue regle n'est
qu'un usage de l'indolence, étranger
à l'Agriculture. J'en trouve la preuve dans le bon état de ces mêmes terres qui n'ont jamais de repos : *Voy.*
ci-dessus, *p.* 121. S'il y a une pratique
qui émane sensiblement de la science,

c'eſt celle dont les effets atteignent le but marqué par la ſcience même. Les Jachères ne ſont donc pas plus une regle générale, que tout autre abus. On ne preſcrit jamais contre le bien ; il eſt la vraie regle ; & ce qui s'en écarte, quelque progrès qu'il faſſe, doit toujours être regardé comme un abus.

Je crois que ces principes une fois admis, réduiſent à rien les grandes phraſes que voici : « On ſera donc » bien étonné d'apprendre que c'eſt » renverſer tous les principes de l'A- » griculture, que de propoſer de ren- » dre générale la ſuppreſſion des Ja- » chères. En attendant, on commen- » cera par dire que, faute de bien » entendre ce que c'eſt que Jachères, » ſoit pour les obſerver, ſoit pour » les ſupprimer, on ignore pleine- » ment l'Agriculture, & qu'on ne » peut que s'égarer. La preuve n'en » eſt que trop évidente dans les écrits » de nos Auteurs Modernes, & dans » ceux-même qui ont eu la plus gran- » de réputation ; puiſqu'ils n'ont fait » que bégayer ſur cette importante » matiere : c'eſt du moins le jugement

» qn'en ont porté les Cultivateurs
» qui ont le plus d'expérience, &
» qui peuvent seuls décider. Ils ont
» même inféré de la grande réputa-
» tion que ces Auteurs se sont ainsi
» faite, qu'on est encore bien igno-
» rant en France sur l'Agriculture ;
» tandis que sur toute autre matiere
» on est si éclairé. *Manuel d'Agricul-*
» *ture*, p. 244-45 ».

J'avoue mon ignorance sur l'ori-gine du mot *Jachère*. Il signifie *Ser-vant de Pâture*, s'il faut en croire M. de la Salle. Ne perdons point en recherches étymologiques, presque toujours vaines, un temps destiné à des instructions solides. En admet-tant la supposition, nous trouverons-nous forcés de convenir que les ja-chères font une pâture essentielle ; « la meilleure & même la seule, qu'on » puisse procurer aux bêtes blanches »? M. de la Salle le prétend ainsi, *pp.* 245 & 246. Mais je remarque dans tout son livre une marche singuliere ; c'est un assemblage d'aveux écha-pés, ou posés comme principes, & d'assertions qui les contredisent. No-tre Auteur, qui a qualifié de *Corps de ferme qui n'ont point de jachères*, ceux où l'on ne pratique qu'une *petite culture* où il n'est question tous les ans, que de grains de Mars (*pp.* 12 & 13), semble s'accorder avec lui-même lorsqu'il dit (*p.* 247) « qu'on ne » peut appeller *Terres à Jachères* cel- » les qui, après s'être reposées pen- » dant l'hiver, sont ensemencées au » mois de Mars ». Il avoit effective- ment besoin d'insister là-dessus, pour établir que « l'idée exacte & précise » des Jachères . . . . . . ne doit abso- » lument tomber que sur le repos que » les terres ont pendant les deux sai- » sons du Printems & de l'Eté ; & non » sur celui qu'elles ont déjà eu précé- » demment pendant l'Automne & » pendant l'Hiver : . . . . . parce que, » quoiqu'elles soient labourées dans » les deux saisons du Printems & de » l'Eté, cela n'empêche pas qu'elles » ne puissent servir de pâture aux bê- » tes blanches : (*p.* 246 , 247 ».)

A la rigueur, ces terres labourées peuvent leur fournir un peu de nourri- ture ; mais qui ne sert gueres qu'à les amuser. Quelle différence d'avec cel- le que fournit un champ où les grains

échapés des épis, & le chaume, occupent utilement le bétail ! De l'aveu
de notre Auteur, *Jachère* signifie *Ser-*
vant de Pâture. Pourquoi veut-il priver
de cette signification une bonne & so-
lide pâture, dont l'autre n'est que le
phantôme ? Aussi le voyons-nous revenir bientôt sur ses pas, & dire avec
ingénuité dans la page suivante (248)
que les terres qui n'ont de repos que
durant l'Automne & l'Hiver « servant
» aussi de pâture aux bêtes blanches,
» elles *pourroient*, pour cette raison,
» être également appellées Jachères ».

Il n'est pas surprenant qu'un Ecrivain si accoutumé à détruire ce qu'il
avance, dise avec son ton affirmatif,
(*p.* 251, 252) « qu'il seroit contre
» l'ordre de la Nature, que des terres
» qui ont travaillé pendant les deux
» saisons du Printems & de l'Eté, fus-
» sent encore dans le même cas pen-
» dant les deux saisons suivantes de
» l'Automne & de l'Hiver ». Qu'a-t-il
prétendu par-là ? Est-ce qu'il désap-
prouve que l'on donne les premiers
labours aux Jachères avant le printems ? S'imagine-t-il que les grains
semés dès l'automne ne reçoivent

pas les fucs de la terre pendant l'hiver ? N'y a-t-il donc point de fruits
dont la maturation foit conftamment
affectée à leur exiftence fur pied durant
l'hiver ? Le Perce - neige , l'Aconit
jaune , le Pied de Griffon , &c, ne
commencent - ils pas à fleurir au fort
de l'hiver, dans les endroits incultes ?
Tout habitant de la campagne voit
le froment végéter, taler ; en un
mot, la terre dans une action conti-
nuée , mais feulement plus lente ,
pourvu que le froid ne foit pas trop
rigoureux, ou que la pluie trop abondante ne s'oppofe pas à la végétation ; ce qu'elle fait de même quelquefois au printems. Les plantes fituées fur des ados, ou celles qui font
abritées dans les bois & dans nos jar-
dins, font des progrès fenfibles durant
l'hiver , fans aucun autre fecours de
l'art. D'un labour à un autre , depuis
la S. Martin jufqu'au Printems, diverfes herbes naiffent & grandiffent.
Ainfi c'eft la Nature elle-même qu'il
faut accufer de déroger à fon ordre ,
tel que le voit M. de la Salle.

On conviendra avec cet Auteur
(*p.* 253 & 255) qu'une terre femée

en Mars & moissonnée en Juillet &
Août, ne peut être suffisamment ameublie suivant la pratique ordinaire, par
les labours, avant la fin de l'automne,
pour recevoir du froment dans cette
saison ; & qu'ainsi le gain qu'on prétend faire alors, n'a que des apparen-
ces. Cela est exactement vrai pour
des terres qui ne sont pas d'elles-mêmes suffisamment meubles, ou qui
ont nourri avec les grains une infinité
d'herbes, dont la plupart y ont répandu leurs semences. Mais rien ne s'oppose à ce qu'un champ net d'herbes,
& à-peu-près aussi meuble après la
moisson que lors des semailles, re-
çoive du froment dès l'automne suivante, après un ou deux labours.
Des faits constants, & soutenus de
succès égaux à ceux que M. de la
Salle se promet de l'observation des
jachères, démontrent la vérité de ce
que je viens de dire. Je citerai mes
garants lorsque je rappellerai ces faits
dans la suite : car beaucoup de personnes pourroient s'en laisser imposer
par le ton de Maître avec lequel M.
de la Salle dit, (*p. 256*) « qu'il faut
» un peu *d'expérience* pour sentir la

» vérité de ses détails qu'on ne peut
» contredire ; & que c'est pourquoi
» ceux qui n'en ont point, n'annon-
» cent & ne proposent que suppres-
» sion de jachères ».

Voici une objection spécieuse, qu'il importe de ne pas laisser sub- sister. « Il n'y a généralement (dit » notre Auteur, (*p.* 256) que les ja- » chères qui donnent au bétail blanc, » depuis le commencement de Mars » jusqu'à la moisson, la pâture qui » leur convient ». J'avoue que ces animaux trouvent de petites racines & quelques jeunes herbes, dans le labouré des jachères. Mais ce qui feroit douter que ce soit une telle pâture qui leur convienne pendant six mois, est que quand on les y conduit, on a de la peine à leur faire quitter l'herbe qu'ils rencontrent sur le chemin ou sur des revers de fossés. L'instinct qui les y arrête de préfé- rence, est-il donc sujet à être fautif ? D'ailleurs M. de la Salle est convenu (*p.* 71) qu'il y a des cantons dont les terres sont si favorisées de la Na- ture, qu'on les ensemence tous les ans, sans jamais y observer de jachères.

F vj

Il dit (*p.* 313) que le bétail y languit durant le printems & l'été. Pourquoi donc cet Auteur suggere-t-il lui-même, comme nous le ferons voir p. 137, des moyens de supprimer les jachères dans de bons terreins qui ont beaucoup de fond ?

Ne prenons pas le change sur ce que M. de la Salle a eu soin de mettre en avant, comme pour prévenir cette difficulté. « Je ne conteste point, dit-» il, que dans certains pays, & can-» tons où la suppression des jachères a » lieu, ce n'est pas tant le froment qui » fait le principal objet, que d'autres » grains d'hiver qui ne demandent pas » tant de culture ». Il cite pour exemple le colza, la lentille ; & ajoute un *&c* : (p. 237-8). Chacun fera sur cet endroit les réflexions qu'il jugera convenables. Mais, pour ne pas perdre de vue le fond de ma cause, je reviens toujours à douter que M. de la Salle n'ait pas prétendu parler de terres à froment, quand il a dit (*p.* 71) qu'il « y a quelques cantons dont » les terres *par leur heureuse position* » *n'ont besoin que* d'être labourées & » semées, sans qu'il soit question d'y

̵ employer les engrais & les jachères.
» Il y a même quelques Pratiques lo-
» cales entieres où, par le moyen des
» engrais, on peut fe paffer des ja-
» chères ». Mon doute devient une
certitude, dans les *pp.* 278 & 279,
comme on le verra dans un moment.
Il feroit à défirer que cet Auteur nous
eût expliqué comment des cantons
favorifés de la Nature & des Pratiques
locales entieres, fuppléent en faveur
du bétail, à une pâture qu'il dit être la
feule convenable durant la faifon du
printems & celle de l'été. Des indica-
tions précifes des endroits, au lieu
d'affertions vagues, nous mettroient
à portée d'y obferver l'état des terres
& celui du bétail.

On ne difconvient pas que certaines Prairies naturelles, fituées dans
des bas fonds, puiffent occafionner
parmi les bêtes à laine la maladie que
l'on nomme *Pourriture*. Mais M. de
la Salle ne connoît-il point de prés
dont la pofition foit plus avantageufe ? Pourquoi ne fait-il mention que
de ceux-ci, (*p.* 257), comme s'il
n'y avoit point d'autre reffource que
les jachères ? Les prés hauts, les çol-

lines, certains valons de fable, les revers des foffés, & tous les endroits fablonneux, n'offrent-ils pas une herbe courte, plus ou moins fine & délicate, que le bétail broute volontiers, & qui l'entretient en bon état, ainfi que fa laine ? Qu'on lui donne un peu de grain, & de la paille d'aveine, au retour de cette pâture ; je puis affurer que l'on aura un excellent troupeau. Auffi d'habiles Laboureurs m'ont-ils fait obferver qu'on ne conduifoit leur bétail dans les jachères que pour l'amufer, après lui avoir laiffé prendre ailleurs chaque jour une pâture fuffifante. Les petites racines qu'il trouve dans la terre remuée par les labours, peuvent lui être utiles. Mais des payfans, ou un pauvre fermier, qui n'ont à donner que cette nourriture pendant fix mois, tiennent leurs bêtes à une diete rigoureufe, dont l'effet néceffaire eft la maigreur. Au contraire, le bétail entretenu comme je l'ai déjà dit, conferve un embonpoint habituel, qui difpenfe prefque de l'engraiffer avant de le vendre : fa laine ne fe détache pas d'elle-même par lambeaux, comme il arrive fréquemment au bétail dont le mauvais état annonce la misere du Maître.

Ajoûtons que, dans les années pluvieuses, la terre se trouvant fort attendrie, le bétail la réduit souvent dans un état aussi contraire à la bonne culture que la friche même.

En parlant de la nourriture des bêtes à laine, je n'ai pas fait mention de plusieurs herbes de prairies artificielles, que je regarde comme ne pouvant être données à ce bétail qu'en très-petite quantité, hors le temps où on veut l'engraisser promptement. Les racines des navets & des carottes sont à peu-près dans le même cas que le trefle & la luzerne ; ensorte que le bétail pour qui elles font une partie considérable de la nourriture, devient gras ; mais il n'a qu'une laine de qualité inférieure. Les brebis y trouvent une abondance de sucs, qui leur fournit le lait dont elles ont besoin pour que les agneaux soient vigoureux. Le reste du troupeau, que l'on garde quelquefois pendant deux ou trois ans, n'a pas besoin de nourriture succulente ; elle

le rend malade. Une herbe courte &
délicate, le grain, la paille d'aveine,
quelques graines de Mars, le mettent
excellemment en état de donner tout
le profit que l'on a en vûe. Tel est aussi
à peu-près le sentiment de M. de la
Salle, *page* 300. On lit dans le VI.
volume du *Traité de la Culture des Ter-*
res, qu'un Gentilhomme du Gâti-
nois « ayant beaucoup de prés, dont
» la plûpart donnoient d'assez mau-
» vaise herbe, un Berger lui proposa
» de nourrir son troupeau avec ces
» seuls prés, sans paille, ni grain ;
» ce qui réussit fort bien. » Consultez les *pp.* 206 & 207 où M.
Duhamel expose la méthode de ce
Berger.

Je conclus de tout cela, que les
jachères ne sont rien moins qu'essentielles à l'entretien des bêtes à
laine.

Qui croiroit, après les efforts qu'a
faits M. de la Salle contre la suppression des jachères, qu'il enseigne lui-
même comment il faut s'y prendre
pour parvenir à les supprimer, dans
des exploitations considérables ? Où
est donc cet ordre de la Nature, pour

lequel il témoignoit tant de respect ? Que deviendra le bétail, en faveur de qui il a plaidé pour la nécessité des jachères ? Je me hâte de montrer la vérité de cette espèce de paradoxe. Il se trouve dans la premiere Partie, Section 3e. Le titre du §. V, l'annonce positivement : *De la suppression des jachéres par le renouvellement de terrein.* Après y avoir dit (p. 279) qu'en consultant les Pratiques locales « sur » ce qui a pû déterminer la suppres- » sion des jachères dans quelques » cantons , nonobstant l'usage des » grains d'hiver , qui ne se sement » qu'en automne, on voit que c'est » parce que les terres y sont de la » meilleure qualité , qu'elles sont ai- » sées à labourer & à ameublir , & » qu'elles ont un fond suffisant pour » pouvoir être renouvellées au be- » soin par le travail de la charrue » : Il ajoûte (p. 280) que « quand on est » en état de renouveller ainsi un bon » terrein, ce n'est plus la même terre » qu'on fait porter ; mais une nou- » velle qu'on lui supplée, qui s'est re- » posée depuis long-temps , & qui » par conséquent ne dérange point

» l'ordre de la Nature Il
» s'agit de bien exécuter ce renou-
» vellement , pour gagner le béné-
» fice de cette suppression, qui ne va
» pas moins qu'à mettre tous les ans
» en produit & en rapport tout ce
» qu'on fait valoir : » (*p.* 281). Les
dix pages suivantes détaillent *diffé-*
rentes façons dont on peut se servir pour
la bonne exécution du renouvellement de
terrein. L'Auteur va jusqu'à dire (*p.*
288) qu'en conséquence « il ne sera
» pas nécessaire de rien sacrifier de
» son terrein pour le mettre en *Prai-*
» *ries artificielles* ; & que l'on aura en
» plein rapport son domaine en-
» tier ».

M. de la Salle n'a donc pû méconnoître entiérement l'avantage , la sagesse, & la possibilité de se passer de
jachères. C'est bien quelque chose
qu'un tel aveu. Il sert au moins à at-
tester que les jachères ne sont pas
d'une nécessité absolue, même pour
le bétail. Mais l'Auteur que nous sui-
vons ainsi de près , a-t-il quelque
moyen d'éluder les conséquences que
ses aveux & ses propres instructions
emportent en faveur de la *nouvelle*

Culture ? Car elle a conſtamment l'effet de rendre bonnes les terres qui ne ſont pas abſolument mauvaiſes ; elles deviennent fort meubles , douces , aiſées à travailler : le labour réïtéré des plate-bandes rapporte ſucceſſivement vers la ſuperficie une nouvelle quantité de la terre du fond ; & cette terre que l'on rejette à chaque fois ſur le bord des rangées, pour rechauffer les plantes , forme un guéret toujours meuble & comme pulvériſé ; dont la profondeur conſidérable eſt utile pour l'avancement & la vigueur des plantes.

M. de la Salle ſe retranche à dire que la méthode de M. Tull , au lieu de ſupprimer les jachères , comme cet Auteur Anglois l'annonce , ne fait qu'en augmenter la proportion. Cela eſt vrai ; & M. Duhamel l'a dit dans ſes *Elémens d'Agriculture* ; en obſervant que la Nouvelle Culture ne fait qu'interpoſer des jachères entre les terres qui ſont en rapport. Je vais examiner cet article dans le Paragraphe ſuivant.

§ V.

Suite de l'article des Jachères.

Pour bien apprécier le produit d'une terre cultivée en planches *suivant les principes de M. Tull*, il faut examiner si, dans une Ferme dont le tiers a été en jachère chaque année, tandis que les deux autres soles ont porté du froment & des Mars ; le produit de trois années égale, ou surpasse celui d'une autre Ferme, dont toutes les terres ont été gouvernées conformément à la nouvelle Culture, pendant la même durée de temps. Nous devons supposer que toutes choses sont égales dans l'une & l'autre exploitation ; & que la différence de produit dépendra uniquement de la maniere d'exploiter.

M. Tull a fait un calcul, rapporté dans le premier volume du *Traité de la Culture des Terres*, Chap. 21, pag. 288 & suivantes ; d'où il résulte que sa méthode produit les deux tiers de plus que la culture ordinaire, toutes déductions faites.

La qualité & la quantité des grains contribuent à former ce bénéfice. Car M. Tull fuppofe que toutes les terres d'une Ferme font en froment ; au lieu que dans la pratique commune , les aveines ou d'autres menus grains de moindre prix, occupent environ un tiers. Si les épis font plus nombreux , plus longs , & mieux pourvûs de gros grains, dans la nouvelle Culture , que dans l'ancienne ; le produit devient encore confidérable par ce côté-là. L'*Expérience* a foûtenu depuis quatorze ans parmi nous , ce que M. Tull avoit affûré, touchant cette abondante récolte de grains , qui eft occafionnée par fa Méthode. Voyez le *Traité de la Culture des Terres* , Tome II, *p.* 298-9 : T. III. *p.* 14, 18, 61, 99, 110-1, 126-7 : T. IV, *p.* 25 · 298-9 , 334, 368, 370·1-6-7 : T. V. *p.* xiij, 440-1, 489, 490·1-2-3-4 , 513 : T. VI , *p.* 133-8.

Il y a même des raifons de convenance , pour que la nouvelle Culture foit favorable au bon rapport des plantes. Difpofées comme elles y font par rangées , où l'air & le foleil ont une libre action , on peut les comparer aux plantes qui se trouvent sur le bord des bois , des vignes , des terres , ou des chemins ; soit arbres , soit végétaux moins considérables , même des plantes annuelles , on y observe constamment une vigueur que n'ont pas celles qui sont moins exposées. De-là vient aussi qu'il est fort ordinaire , que quelques plantes de froment, d'orge , &c , que l'on cultive isolées , dans un potager , ou sur la crête d'une vigne , produisent chacune 40 à 50 épis , dont chacun contenant 40 à 50 grains , la somme totale que rend une seule plante, est de 1600 à 2500 grains pour un. Consultez le I. volume du *Tr. de la Cult. des Terres*, *p.* 134-5 ; le T. II, *p.* 21-2 ; le T. IV , *p.* 37 , 236-7 ; le T. VI, *p.* 96 , 138 , 157.

Ces faits , dont il est facile de s'assûrer par-tout dans la campagne , & que l'on peut soumettre à sa propre expérience , sans frais & sans beaucoup de soins , conduisent à regarder au moins comme plausible , ce que M. Tull dit des succès de sa Culture , malgré la largeur des espaces qu'il laisse vuides entre les planches occupées par des rangées de froment. Si le coup d'œil prévient d'abord contre cette perte apparente, la récolte en fait juger tout différemment. La plûpart des pieds ayant produit 20 ou 30 tuyaux, au lieu de deux ou trois qu'ils auroient eu par la culture ordinaire, l'esprit peut sans beaucoup de travail, distribuer ce nombre de tuyaux dans les espaces vuides ; & ainsi trouver, en calculant un peu, que le champ est aussi bien garni que tout autre qui est semé en plein. D'ailleurs, comme les épis sont plus longs, & que les grains en sont plus gros ; on s'apperçoit que les gerbes pesent davantage : & de deux champs également étendus, mais cultivés différemment pour en faire la comparaison, il y aura plus de boisseaux remplis par la nouvelle Culture. Enfin ce même froment, bien plus net de mauvaises herbes, & plus sain à tous égards, ne peut qu'augmenter considérablement le produit de la récolte. Voyez le *Traité de la Culture des Terres*, T. II, p. 313, 362 ; T. III, *p.* 94-5, 127 ; T. IV, *p.* 287, 385 ; T. V, *p.* viij, ix , xv , xvj , 498 , 499 ; Tom. VI ; p. 139.

On ne peut disconvenir que , dans l'usage commun , il y a tous les ans le tiers des terres d'une ferme qui ne produit rien ; qu'un autre tiers est occupé par de menus grains , moins précieux que le bled ; & qu'ainsi il n'y a que la 3e partie qui porte du froment. La Méthode de M. Tull , qui met toutes les terres en bled , n'en occupe réellement pas même un tiers ; parce qu'il n'ensemence qu'environ quatorze pouces , dans une étendue de quatre pieds & demi , ou cinq pieds de largeur. Mais attendu que beaucoup de grains avortent par la culture ordinaire ; & très - peu , au moyen de la nouvelle Culture ; il se trouve plus de plantes dans une seule rangée double , prise sur la longueur de huit perches de terre avec une plate-bande large de six pieds , qu'il n'y en auroit eu dans toute cette étendue semée à la maniere commune ; de l'aveu même de fermiers très-prévenus contre la nouvelle Culture. *Traité de la Culture des Terres* , T. III, p. 21 : T. VI. *p.* 219 , 220 , 268-9.

Ainsi

Ainsi les plate - bandes ne préjudicient point à la récolte. Et puisque l'on recueille du froment sur toutes les terres sans en laisser reposer aucune dans sa totalité, il y a évidemment un tiers de bénéfice tous les ans ; en supposant même que chaque champ cultivé suivant les Nouveaux Principes, ne rapporte pas plus qu'il ne feroit avec la méthode ordinaire. Voy. le *Traité de la Culture des Terres*, T. V, p. 502, 503, 504, 505.

J'abrége les détails, pour ne point grossir ce Volume par les extraits d'ouvrages qui sont entre les mains de tout le monde, & qu'il est utile que chacun consulte par soi - même. Je préviens aussi que l'on verra dans les paragraphes suivants, que ce qui dispense de laisser reposer les champs où l'on pratique la Nouvelle Culture, est qu'au lieu de s'épuiser, la terre y acquiert annuellement plus de fertilité.

§. VI.

Des Engrais.

» DE toutes les opérations de l'Agriculture, (dit M. de la Salle, *p.*

» 100) il n'y en a point de plus inté-
» ressante, qui demande autant d'at-
» tention, & qui soit plus *capable d'a-*
» *méliorer* un terrein, que celle du
» labour ; principalement dans ceux
» qui ont encore un fond de terre
» au - dessous de celui qu'exigent ses
» productions ; à la différence des
» autres terreins qui n'ont que ce
» qu'il leur faut pour les faire venir ;
» dans lesquels l'opération de *l'Engrais*
» est celle qui a le plus d'effet ». Les
médiocres terres sur lesquelles M.
de la Salle a exercé son Systême d'a-
mélioration , étoient de ce dernier
genre ; aussi parvint-il à en obtenir
de bonnes récoltes , en y répandant
suffisamment d'Engrais.

Mais quelque fréquemment que
l'on porte des engrais dans un terrein
médiocre , s'il a assez de fond pour se
prêter au renouvellement qu'opere
la charrue, on doit ne compter de le
rendre fertile qu'autant que l'on asso-
ciera les labours aux engrais. *Manuel
d'Agric.* p. 292 , 293.

Plus on peut amener de nouvelle
terre à la superficie par l'opération du
labour, moins les engrais deviennent

néceffaires : fans être difpenfé d'en employer, on pourra en réduire la quantité , dit encore M. de la Salle, *p.* 114, 117 & 124. C'eft pourquoi il rapporte (*pages* 122, 123) que des terres qui avoient neuf à dix pouces de fond , & où l'on ne femoit que du feigle, ayant enfuite été bien défoncées rendirent environ huit feptiers de froment bien pefant , *quoiqu'elles n'euffent été aucunement amendées.*

Cet Auteur ajoute (p. 124) que, comme les terres de la Champagne font ordinairement très-légeres, il n'y a que celles qui ont quelque confiftance, où le renouvellement par le labour puiffe réuffir fans engrais.

Ainfi c'eft une exception à la regle qu'il pofe ailleurs (*p.* 117) ; en difant que « *généralement,* quand un » renouvellement de terrein aura été » bien fait & bien travaillé , quand le » deffus & le deffous auront été bien » fouillés , bien recherchés , & bien » retournés par l'opération & par le » travail de la charrue, *on pourra fe* » *paffer d'engrais.* Auffi dit-il immédia- » tement après (p. 118), que toutes » les épreuves que l'on en fera ne

» pourront que le confirmer; à moins
» qu'un terrein par lui-même, quoi-
» qu'ayant beaucoup de fond, ne soit
» extrèmement léger & cendreux, ou
» ne soit trop froid ».

Si on peut se passer de toute espece d'engrais lorsqu'on réussit à renouveller le terrein à une profondeur
considérable, par le moyen des labours, M. de la Salle n'est donc pas
en droit de blâmer l'exclusion que
M. Tull a donnée aux engrais. Car
on ne peut contester que les premiers
labours destinés à établir la Nouvelle
Culture piquent assez profondément
pour renouveller le terrein ; & que
les fréquents labours que l'on pratique à côté des plantes durant leur végétation, servent beaucoup à affi-
ner la terre, & à bien mélanger celle
de dessus avec celle de dessous. Je
ne hazarde point des avantages ima-
ginaires : ce font des faits nombreux,
constatés par de bons témoignages ;
& nommément celui de M. de Châteauvieux, qui assure que par les
seuls labours il a réussi à rendre presque égaux en bonté des terreins de
qualités très différentes. Voyez ci-

deſſous, § 9 & 10. Et quoi qu'en diſe M. de la Salle (*p.* 544) ces terres continuant d'être travaillées de même tous les ans , donnent des récoltes ſi abondantes , qu'on peut regarder comme *inépuiſable* la ſource de fécondité que les labours y introduiſent. D'ailleurs on peut remarquer que dans la méthode ordinaire il y a un grand nombre de plantes qui périſſent avant de parvenir à leur maturité , & que ces plantes épuiſent la terre ; au lieu que la Méthode de M. Tull diſtribuant les ſemences de maniere qu'il eſt rare qu'aucune plante ſoit étouffée par celles qui l'avoiſinent , les ſucs nourriciers ne ſont point conſommés inutilement; & une terre qui y pourvoit ſans ſe forcer , eſt en état de ſubvenir à pluſieurs récoltes conſécutives. De quoi ne devient-elle pas capable enſuite , ſi l'on a ſoin de préſenter ſucceſſivement à l'action des météores ſes parties bien diviſées par le labour ?

M. de la Salle (p. 544) ſe vante d'avoir prouvé ſans réplique que ce renouvellement de ſucs eſt *un paradoxe inſoutenable.* Mais lui-même , en

proposant différentes façons de donner aux terres affez de vigueur pour
que l'on puiffe fe paffer de jachères,
c'eft-à-dire, pour qu'elles rapportent
fans interruption ; dit (p. 289) que
« trois à quatre pouces de plus, que
« la charrue ramene, fe mêlangeant
» avec la terre qui vient de porter,
» cela *lui rend de nouveaux fels & de*
» *nouveaux fucs* qui peuvent la metrre
» en état de fupporter la fuppreffion
» des jachères ». Il dit encore (p. 116)
« qu'une terre abfolument neuve qui
» provient de la partie du deffous d'un
» terrein qu'on laboure, doit avoir
» plus d'efficacité que le meilleur en-
» grais, tel qu'il foit ».

En vain prétend-il jetter un ridicule
fur M. Duhamel par la maniere dont
il préfente le fyftême de cet Académicien fur les Engrais. Trop fage pour
donner comme un avantage conftamment attaché à la pratique de la Nouvelle Culture, celui de fe paffer abfolument d'engrais, M. Duhamel a toujours infifté fur l'utilité dont feroient
les amendemens, lors même qu'on
adopteroit la nouvelle méthode, malgré les fuccès de ce genre, que fon

caractere d'hiftorien l'autorifoit à publier. Les avis qu'il donne fur l'ufage des amendemens ne font pas reftreints « aux cendres , aux fuyes » de cheminées , aux boues , aux cen- » dres de chaux , & à d'autres fem- » blables petits engrais ; en excluant » les fumiers de beftiaux , ainfi que » l'annonce M. de la Salle, *p.* 345 ». Me conviendroit-il de fupprimer les preuves dont dépend la démonftra- tion des vrais fentimens de M. Duha- mel ? Le fimple expofé des faits fuf- fira pour répondre aux allégations ha- zardées de fon adverfaire.

Cet Académicien prouve dans le 1ᵉʳ Volume du Traité de *la Culture des Terres*, p. 52 & fuivantes , qu'il » eft bien plus avantageux d'augmen- » ter la fertilité des terres par les la- » bours que par le fumier : 1°, parce » que fouvent on ne peut fe procurer » qu'une certaine quantité de fumier , » la récolte de vingt arpents fuffifant » à peine pour en fumer un ; au lieu » qu'on peut divifer & fubdivifer les » molécules de terre prefque à l'infini. » Les fecours qu'on tirera des fumiers » font donc limités ; au lieu qu'on

» n'apperçoit point les bornes de ceux » que les labours nous produiront, &c. Puis il dit (p. 56) que *le fumier est également avantageux aux terres légeres & aux terres fortes :* & p. 59, 60, que le fumier est *nécessaire ;* « qu'on ne peut » en nier l'utilité sans démentir l'ex- » périence de tous les temps & de » tous les lieux ». Dans le 4e Vol. l'article 17, du 3e chap. indique « une » nouvelle façon de rétablir & bonifier » de vieux prés naturels : façon qui » rend les *engrais* plus *utiles* qu'en sui- » vant la pratique ordinaire ». On trouve dans le T. V. p. 97 & suivantes, une maniere fort ingénieuse dont MM. Roussel se sont servi pour *conduire & répandre le fumier, dans des champs établis en planches.* Le 21 article du 1er chap. (dans le même Volume) est entierement destiné à traiter du *bon usage des engrais :* & on voit dans les p. 427-8, 521-2, une bonne méthode de faire que le chaume serve d'engrais. Nous invitons à lire encore le 3e chap. du 6e Volume ; où après avoir dit « qu'une terre qu'on » ne pourra pas fumer, & qu'on aura » mal labourée, ne produira rien ; au

» lieu que cette même terre donnera
» des récoltes avantageuses si, étant
» dans l'impossibilité de la fumer, on
» la laboure avec grand soin & sou-
» vent ; mais que les récoltes seront
» des plus abondantes si l'on peut
» *joindre les engrais aux bonnes cultures*»:
M. Duhamel traite fort au long, des
divers engrais : c'est-à dire, depuis la
p. 176, jusqu'à 218. Cette matiere
occupe encore 60 pages qui font le
3ᵉ chap. du 2ᵉ liv. des *Eléments d'A-
griculture.*

Comment donc M. de la Salle a-t-
il pu avancer que M. Duhamel étoit
ennemi des engrais ; pendant qu'il ne
cesse d'en publier les avantages ?

§. VII.

*Sur les Instruments de labour em-
ployés pour la Nouvelle Culture.*

BEAUCOUP de personnes parlent de
la Nouvelle Culture ; & fort peu sçavent exactement en quoi elle consiste.
Dans le nombre des Amateurs, il n'y
en a que trop qui se font illusion en
croyant avoir commencé à l'exécu-

ter. « J'ai été visiter des terres qu'on
» disoit cultivées suivant nos princi-
» pes, dit M. Duhamel, *Tr. de la Cult.*
» *des Terres*, T. III, p. 72 & 73. Les
» Propriétaires en étoient eux-mêmes
» très - persuadés ; néanmoins il n'en
» étoit rien. Je voyois par - tout de
» grosses mottes, des terres labourées
» avec de larges socs, qui renversoient
» la terre par grands gâteaux, au lieu
» de la briser & de l'emietter. On ap-
» pelloit, dans ces cantons, *charrues*
» *légeres*, des instruments plus mas-
» sifs que nos plus fortes charrues ; &
» toute la différence qu'on apperce-
» voit dans ces champs, consistoit en
» ce que le froment étoit semé par
» rangées. Dans les terres cultivées
» suivant nos principes, la terre quel-
» que forte qu'elle soit, paroît aussi
» meuble que du terreau. On ne peut
» parvenir à cet état, qu'en multi-
» pliant tellement les labours qu'elle
» n'ait jamais le temps de se conden-
» ser ».

Quand M. Duhamel parle de Charrues légeres, & qu'à certains égards il
blâme de larges socs & des instrumens massifs ; ce n'est pas que cet

habile interprete de M. Tull, veuille faire entendre que la Nouvelle Culture assujétit à des instruments particuliers pour les labours. Au contraire, dès le premier Volume où il annonça au Public la Méthode de l'Auteur Anglois, il dit spécialement dans la Préface (*Tr. de la Cult. des Terr.* T. I. p. xxxiij, 2e Edition) que « les Charrues ordinaires peuvent produire » le même effet que la charrue à quatre coutres, inventée par M. Tull ». » Il ajoutoit (*p.* lxj) que, « au lieu » de cet instrument fort lourd, & » extrêmement difficile à conduire, » on peut avec les charrues ordinaires, en prenant peu de terre à la » fois, parvenir à diviser aussi - bien » la terre ». Toujours d'accord avec lui-même, parce qu'il n'avance rien que sur des notions épurées, M. Duhamel a constamment tenu un semblable langage dans les autres volumes. Ainsi, par exemple, ce judicieux Ecrivain dit dans le T. II, (*p.* 27 & 28): « Comme j'ai décrit à la fin de » mon Ouvrage, [le 1r volume du » même *Traité*], des charrues & des » instruments qui ne sont point en

G vj

» usage dans les Provinces, on s'ima-
» ginera peut-être qu'il faut commen-
» cer, avant toutes choses, par s'en
» pourvoir.........Il suffit de bien
» employer les charrues qui sont en
» usage dans chaque province. Le but
» qu'on doit se proposer, est de ren-
» dre la terre meuble à une grande pro-
» fondeur : pourvû qu'on parvienne
» à ce point, il est indifférent quel
» moyen on ait employé ; & toutes
» les difficultés sont levées quand
» on peut, comme nous, faire labou-
» rer la terre, à bras ; [il ne s'agis-
soit que de quelques pieces de terre,
pour éprouver la Nouvelle Culture].
» Néanmoins , continue M. Duha-
» mel , j'en ai fait labourer avec les
» charrues que nous nommons *à ver-*
» *soir.* Mais alors, si je voulois que
» la terre fût remuée à une grande pro-
» fondeur sous les rangées de fro-
» ment, je fesois passer deux fois la
» charrue dans le même sillon ».

Puis cet Académicien ajoute : « Il
» est vrai que toutes les charrues ne
» sont point aussi propres les unes que
» les autres, à bien labourer la terre.
» Celles qui n'ouvrent la terre que

» comme un coin, font beaucoup in-
» férieures à celles qui ont des cou-
» tres & des focs coupants. Mais en-
» fin, quand on fçait ce qu'il faut fai-
» re, chacun doit effayer d'y parvenir
» par les moyens les plus commo-
» des ».

Voyez encore les pages 114, 375 & fuivantes : & le Tome V, *p.* 61.

Dans le I. Volume (*p.* lxij), M. Duhamel fait auffi obferver que quand l'inclinaifon du foc d'une charrue n'eft pas réglée par un avant-train, les labours ne font jamais bien exécutés, & que les bêtes de trait en fouffrent beaucoup.

Pour rendre plus expéditif le travail de la charrue, divers Amateurs fe font occupés de perfectionner les charrues ordinaires, ou d'en imaginer de nouvelles. M. Duhamel, en faifant mention de quelques - unes, avertit (T. IV, *p.* x) qu'il « y en a qui convien-
» nent mieux dans les terres fortes,
» & d'autres dans les terres légeres.
» Après quoi il dit qu'*il fera avanta-*
» *geux de rapprocher, le plus qu'il eft pof-*
» *fible, la forme de ces charrues, de celles*
» *qui font déjà en ufage.*

Ces sortes de changements étoient sur-tout nécessaires pour les labours que la Nouvelle Culture indique comme essentiels à faire auprès des rangées de grains, à différentes fois depuis les semailles jusqu'à la récolte. S'agissant alors d'enlever une mince épaisseur de terre, la plûpart de nos charrues se trouvent trop pesantes pour ce labour superficiel. D'ailleurs leur volume devient embarrassant pour passer entre les planches, lorsque le froment est dans un état avancé. On a donc imaginé des charrues légeres & commodes, pour cette espece de ratissage. Voyez le I. Volume du *Traité de la Cult. des Terr.* Chap. 23 & 24 : le Tome II, p. 175-6-7 : le Tome V, p. xxiv, 250 : Tome VI, p. 264.

Mais on doit ne pas perdre de vue les sages ménagemens de M. Duhamel ; qui, après avoir dit (T. V, p. xxiv) que « au moyen de quelques » légers changements qu'il a faits à la » charrue ordinaire de son canton, » il est parvenu à la rendre propre à » cet usage ; » ajoûte : « Nous nous » sommes rencontrés en cela avec plu-

» fieurs de nos Correfpondants, qui
» ont également réuffi à rendre les
» charrues de leurs Provinces, pro-
» pres à remplir les vues de la Nou-
» velle Culture ». Voyez encore la *p.*
285, & les fuivantes.

Ajoûtons ici un endroit du 4ᵉ Volume (*p*. 469, 470), où M. de Châteauvieux dit : « Si j'euffe pû préfu-
» mer qu'en propofant pour l'ufage
» de la Nouvelle Culture, quelques
» autres inftruments que la charrue
» proprement dite, on eût pû les re-
» garder comme des affujettiffements
» coûteux & embaraffants, capables
» de détourner de cette culture, je
» n'aurois pas penfé à les préfenter au
» Public. Mais pourquoi l'Agricul-
» ture ne jouiroit-elle pas des mêmes
» avantages qu'on a fçu fe procurer
» dans prefque toutes les grandes
» Manufactures, où l'on a fçu profiter
» de toutes les inventions & les dé-
» couvertes utiles, foit pour en per-
» fectionner les ouvrages, foit pour
» les fabriquer en moins de temps &
» avec moins de dépenfe ? C'eft auffi
» dans la vue de faciliter les travaux
» de la culture ; c'eft pour les mieux

» exécuter ; c'est pour les faire avec
» moins de dépense, & plus promp-
» tement, que j'ai introduit mes nou-
» veaux instruments dans la pratique
» de la culture de mes terres. Si d'au-
» tres que moi en veulent faire usage,
» ils jouiront de tous ces avantages :
» je ne les présente donc point com-
» me nécessaires ; la charrue seule
» peut être suffisante. Mais après l'u-
» sage que j'ai fait de mes instrumens
» pendant les années 1753 & 1754,
» j'ai cru devoir en conseiller l'usage
» aux partisans de la Nouvelle Cul-
» ture ».

Outre les raisons que j'ai alléguées comme de bons motifs pour adopter, soit les changemens faits aux charrues ordinaires, soit l'invention de nouvelles charrues ; je crois devoir encore faire observer, d'après M. Duhamel (*Cult. des Terr.* T. VI, p. 219), qu'il y a beaucoup de variété entre les charrues usitées dans différentes provinces ; & quoique l'on puisse supposer que la différente nature des terres, soit fortes, soit légeres, ou pierreuses, avoit exigé que l'on variât la forme des instruments

» de labourage; cependant, tout bien
» considéré, cette raison n'existe pas
» toujours. C'est pourquoi, dans plu-
» sieurs pays, il seroit à propos d'a-
» dopter pour cultiver les terres, les
» charrues qu'on emploie dans d'au-
» tres ». Consultez encore le 6ᵉ Volume du *Tr. de la Cult. des Terr.* p. 43,
44. Cette réflexion est suivie d'un
sçavant détail sur les diverses especes
de charrues, tant légeres que fortes,
usitées dans chaque province.

M. Duhamel y fait observer (*p.*
224) que plusieurs de ces charrues
sont assez commodes pour labourer
entre des arbres, ou entre des sillons
de vigne ; & qu'elles pourroient servir à donner les cultures aux plate-
bandes du froment, & entre les rangées de sainfoin & de luzerne ; mais
qu'on doit plutôt les regarder comme des *Cultivateurs*, que comme
de vraies charrues. Les *Cultivateurs*
étoient alors des instruments légers
qui remuoient la terre en la fouillant
en dessous, & sans la changer de
place. M. de Châteauvieux & quelques autres Amateurs ont imaginé
de ces instruments, qui rendent la

terre bien meuble ; mais qui, ne la renverfant pas fur le côté, laiffoient les plantes privées d'un avantage confidérable, celui d'être rechauffées par le labour. Confultez ce VIe Volume, p. 226. Il eft néanmoins poffible d'y adapter un ou deux Verfoirs , comme on le voit dans le IVe Volume , p. 18, 113, 114 , 115 , 469. Quant aux groffes charrues , M. Duhamel rend très-fenfible (*p.* 225) l'inconvénient de celles d'une certaine conftruction où, fans foc tranchant & fans coûtre, un gros bloc, traîné par des bœufs, eft dirigé tant bien que mal par un levier. Remarquant enfuite que telle charrue qui convient dans les terreins fablonneux & légers , ne peut fervir dans des terreins fort pierreux, furtout quand ces pierres tiennent du filex ou du grès qui ufent les coûtres & les focs ; ce grand Maître en fait de Culture, expofe (*p.* 227 *& fuiv.*) les caracteres auxquels on reconnoît une bonne charrue ; & finit en difant (*p.* 237) : « Mais toutes ces charrues » dont la forme paroît fi différente, » fe reffemblent dans les points effen- » tiels. Ainfi chacun fera bien d'em-

» ployer celles qu'il trouvera ufitées
» dans chaque province ; fe conten-
» tant de faire quelques légers chan-
» gements à la largeur du foc & à la
» forme du verfoir, pour les rendre
» plus propres à remplir fes inten-
» tions ».

Le refte de la page contient un fait, deftiné à montrer que certaines charrues méritent la préférence fur les autres ; & qu'il y a des circonftances où un cultivateur intelligent peut trouver un avantage réel à s'approprier les charrues d'une autre Province.

Ces principes fe retrouvent avec la même uniformité dans les *Elémens d'Agriculture*, liv. 2 , ch. 2 ; & liv. 7 , ch. 1. Bien plus, le 4e article du 1r chapitre du 6e livre traite de la *Maniere de pratiquer la Nouvelle Culture avec les Inftruments ordinaires.*

J'ai cru devoir infifter fur cet objet, pour que l'on fût perfuadé que la Culture dont il s'agit n'oblige pas ceux qui l'exécutent, à fe fervir d'inftruments, dont la ftructure & la conduite leur foient étrangeres. Je ne diffimule pas auffi que j'ai eu intention d'écarter les préjugés que M. de la Salle s'est efforcé d'établir par rapport aux Charrues de nouvelle invention. Cet Auteur a décoré son *Manuel*, d'un Frontispice où la Culture de M. Tull est représentée sous la forme d'une femme qui tâche de séduire un jeune laboureur pour qu'il se serve d'une charrue à semoir (*) ; & Triptolême l'avertit de *ne point changer de soc* : expreſſion que M. de la Salle rappelle ſententieuſement dans le corps de l'ouvrage. Sept pages entieres (55 & ſuivantes) ſont employées à la commenter, & à en faire l'application, telle qu'Olivier de Serres la jugeoit convenable pour des charrues proposées ſous le regne de Henri IV. Qu'il me ſoit permis de faire une digreſſion à ce ſujet : car des arguments préſentés avec un air d'importance par un Auteur qui a de la réputation , ne doivent pas demeurer ſans réponſe.

Premierement, cette longue ſuite de phraſes tend viſiblement à faire prendre le change ſur l'état de la queſtion.

(*) M. de la Salle dit *Semoir à charrue :* cette expreſſion n'a jamais été employée dans aucun des Volumes de M. Duhamel.

De Serres n'a dit, *Ne change point de foc*, que par rapport à de nouvelles inventions de focs de charrues, qu'il défapprouvoit; & M. de la Salle n'attaque que les *Semoirs*, inftruments dont nous parlerons dans la fuite, & dont les focs ne font nullement deftinés à labourer la terre, mais à diriger la femence dans les fillons, en opérant feulement une divifion des molécules qui peuvent fe rencontrer vers la furface.

2°, J'ai évidemment expofé les raifons que l'on a eues pour adopter, foit certains focs, foit des verfoirs particuliers, foit d'autres changements aux charrues ufitées dans chaque province. On a vû que les perfonnes les plus capables de faire autorité en ce qui regarde la Nouvelle Culture infiftent pour que l'on tire tout le parti poffible des charrues ordinaires ; affurant même, par leur propre expérience, que fans rien innover dans les bons inftruments du labour, on peut parfaitement ameublir la terre. Si donc quelques curieux ont voulu fe donner la fatisfaction d'inventer d'autres charrues, quelque ingénieufes qu'elles soient, on ne doit pas dire qu'elles appartiennent essentiellement à la Méthode de M. Tull.

3°, Il ne seroit pas difficile de prouver que le texte même d'Olivier de Serres, en motivant sa censure, devient un blâme pour celle de M. de la Salle. Car de Serres étoit trop bon juge pour condamner ce qui seroit avantageux à l'Agriculture; & les exceptions qu'il met pour consentir à des changements, sont très-favorables à la Nouvelle Culture.

4°, Parce que Caton a dit avant de Serres, *Ne change point de soc* ; M. de la Salle employe cette double autorité comme une arme redoutable dont il croit que le Systême de l'Auteur Anglois ne peut supporter les coups. S'agit-il donc ici d'un Dogme Théologique? Les Sentences les plus authentiques peuvent-elles quelque chose contre des expériences certaines, en ce qui est du district de la Nature? Quand les faits évidents se multiplient pour établir une vérité, on doit présumer que toute personne éclairée se seroit fait honneur d'y donner son suffrage si elle eût connu des

preuves si décisives. On verra dans
la suite de nos Observations, que la
Méthode de M. Tull remonte fort
haut dans l'antiquité; que ceux qui
l'ont suivie avant nous, en ont ob-
tenu des succès; & qu'on pourroit
bien regarder comme innovation la
pratique commune.

» Il n'y a point de terrein laboura-
» ble, si difficile qu'il puisse être, (dit
» M. de la Salle, *p.* 53, 55) qui par
» le moyen de la charrue à versoir,
» ou de celle à oreille, ne puisse être
» bien ameubli, bien retourné, bien
» fouillé, & même renouvellé lorsque
» le fond le permet. Ne pouvant être
» exigé rien de plus de l'usage d'une
» charrue, à quoi donc peuvent ser-
» vir toutes les inventions nouvelles
» en ce genre, proposées par M. Tull
» & par d'autres » ? On a vû ci-devant (*p.* 155-6-7-8-9, 160) que M. Duhamel & plusieurs de ses Correspondants sont persuadés qu'on peut retourner, défoncer & parfaitement ameublir
un terrein avec les charrues ordinaires, & qu'ils les y ont employées avec
succès. Mais il faut être doué de l'intelligence de ces habiles Cultiva-

teurs, & avoir des gens aussi adroits
que ceux dont ils pouvoient disposer,
pour exécuter ces mêmes opérations
dans un champ semé à la maniere de
M. Tull. Nous examinerons bientôt
quel peut être l'avantage de ces pratiques. Pour ne point nous écarter de
l'objet présent, on peut demander à
M. de la Salle s'il croit que la charrue
à versoir & la charrue à oreille, en
général, soient aussi parfaites qu'elles
peuvent l'être. S'il insiste pour l'affir-
mative, il se trouvera dans la nécessité
de prouver que telle ou telle espece
de l'une ou l'autre charrues, ne mérite
pas de préférence sur aucune autre.
Car, pour peu que l'on change de
canton, l'on apperçoit de la différence dans ces instruments. Ce sont
toujours des charrues à versoir, ou à
oreille ; mais elles varient presque autant que la forme des maisons de ceux
qui emploient ces instruments. On
observe ces doubles objets de comparaison en passant de l'Isle de France en
Champagne, Bourgogne, Brabant,
Flandre, Picardie, Normandie, Bretagne, Poitou, Guyenne, Langue-
doc, Provence, & en parcourant
successive-

fucceſſivement les autres Provinces.
Les meilleurs inſtruments de labour,
pourvus de verſoirs ou d'oreilles, y
ſont auſſi peu uniformes que le langage, la façon de bâtir les maiſons
de payſans, & que d'autres uſages. Si
de tels changements arbitraires ne
nuiſent point à la parfaite exécution
des labours, ainſi que M. de la Salle
doit l'admettre, par ſa propoſition,
n'a-t-on plus aujourd'hui le droit d'y
rien innover? Les innovations de ce
genre peuvent-elles manquer d'être
avantageuſes, quand elles ſeront faites par des perſonnes inſtruites des
loix de la Méchanique, & pour qui
l'expérience jointe aux connoiſſances
acquiſes par les voyages, ſeront des
guides éclairés? De Serres, l'Oracle
de M. de la Salle, dit très-ſenſément
à propos des charrues & de l'Agriculture (*Théâtre d'Agric.* Liv. 2, ch. 2,
p. 71, de l'Ed. de Lyon 1675, in-4°) :
« Nous pouvons ſçavoir ce que
» nos peres ont ſçu le temps paſſé.
» Avec jugement pouvons-nous y
» ajoûter de nos inventions expéri-
» mentales pour ſervir d'adreſſe à la
» conduite de nos affaires ; ce qu'on

H

” ne doit opiniatrément rejetter ”.

On peut donc regarder comme une illusion cet autre aphorisme, que M. de la Salle extrait de la *Maison Rustique* de Liébaut : *Qu'importe comme soit le couteau, pourvû qu'il coupe le pain.* Il faut supposer que le couteau est en état de bien couper ; & alors, si la lame, bien tranchante, est emmanchée solidement & commodément, le reste peut être regardé comme accessoire. Ce n'est pas assez qu'une charrue ouvre la terre ; il faut qu'elle le fasse de maniere à en procurer l'ameublissement ; or l'inspection & la pratique des divers instruments de labour démontrent qu'il y a des charrues qui ouvrent la terre sans l'ameublir. Telles sont celles qui n'agissent que par pression & écartement, comme fait un coin dans du bois : l'oreille ou le versoir qui accompagnent de tels socs ne retournent & ne rejettent sur le côté que des masses de terre ; & le labour est conséquemment fort mauvais. L'ameublissement est l'effet des charrues dont le coutre entame la terre dans le sens vertical, le soc la coupe en-dessous ; & en cet état elle parvient à l'oreille qui la renverse. Ces différences, très-sensibles dans la construction des instruments, ainsi que dans leur effet, sont essentielles : l'*expérience* à laquelle il plaît à M. de la Salle de nous rappeller souvent avec affectation, en fournit des preuves évidentes.

Ainsi cet Auteur seroit capable d'égarer ceux qui, sur sa parole, adopteroient le commentaire qu'il fait de la phrase de Liébaut, que nous venons de discuter. Voici ses termes : « Liébaut ne traite de la charrue que pour » dire qu'il faut la laisser telle qu'elle » est ; sans même entrer dans aucun » détail sur sa construction ; parce qu'il » est clair que tous les changements » qu'on pourra proposer seront toujours au moins inutiles ». *Man. d'Agric.* p. 157 & 158.

M. Pluche se sert judicieusement quelque part, de l'expression de *bonhomme Liébaut.* Ce que nous venons de dire prouve sans réplique, que ce qu'il décidoit sur la charrue, étoit un trait de bon-hommie. Les amis de M. de la Salle ne peuvent que le plaindre d'y avoir donné son suffrage.

H ij

Je passe sommairement sur toutes ses objections, parce que je serois obligé de faire un gros volume si je voulois répondre à chacune des phrases qu'il a le talent de multiplier, pour ne dire qu'une même chose en différentes façons. Les personnes qui voudront prendre la peine de comparer son livre avec celui-ci, saisiront facilement l'identité de pensée qui remplit presque toujours plusieurs pages par forme d'accompagnement de chaque endroit principal que j'ai soin de citer.

« Mais, dit cet Auteur (*p.* 58), dans
» le cas où il conviendroit de faire
» quelques changements à la charrue ;
» sera-ce un Amateur d'Agriculture,
» qui n'a jamais expérimenté ou que
» très-peu, qui sera capable de les trou-
» ver ; tandis que de tous ceux qui
» jusqu'à présent ont véritablement
» connu l'Agriculture, & qui l'ont
» pratiquée toute leur vie avec les
» instruments ordinaires, il n'y en a
» pas un seul qui ait proposé sur les
» charrues & sur les façons de semer,
» aucune nouveauté ; parce qu'ils en
» ont toujours conçu l'inutilité ? » Il est

vrai que la pratique des Arts met sur
la voie pour les perfectionner. Ceux
qui s'y exercent avec une vraie intelligence seroient souvent capables de
rectifier ce qui y subsiste de défauts,
& d'y suppléer par des découvertes.
Mais, comme on l'a observé ci-dessus
p. 45, la plûpart des artisans étant pressés par une multitude de besoins auxquels ils ne peuvent subvenir que par
un travail presque toujours forcé, n'ont
ni le loisir ni les facultés nécessaires
pour réfléchir sur leur Art; & ceux qui
sacrifient la raison d'un travail assidu,
au desir de la perfection & des découvertes, s'exposent trop souvent à l'indigence pour qu'un semblable goût
ne paroisse pas dangereux. C'est donc
un bonheur pour les Arts, que des
Amateurs qui ne sont pas sans expérience, & dont le goût est dirigé par
les lumieres de la Physique, se livrent
à des recherches utiles. Archimede,
qui n'étoit pas Artisan, a été d'un
secours infini aux gens de cette classe.
Pourquoi l'Agriculture seroit-elle le
seul Art qu'il fallût absolument exer-
cer par état, pour devenir capable
d'y introduire la perfection ? Au reste,

H iij

nous avons déjà fait mention (*p.* 50) du Semoir exécuté par un Laboureur même, de la Généralité de Bourgogne. Le sieur Petit, qui exploite à Genainville la ferme des Chartreux de Gaillon, & qui, ayant osé faire parquer son troupeau durant tout l'hiver, a réussi & a eu le bon sens d'augmenter par degrés, chaque hiver, le nombre des bêtes qu'il exposoit aux rigueurs de la saison ; (*Tr. de la Cult. des Terr.* T. VI. p. 203-204) ; un tel laboureur seroit, sans doute, capable d'imaginer & d'exécuter bien des choses dignes d'un homme que la routine ne décide point. Feu le sieur Dailly, qui faisoit valoir une portion du parc de Marly, & qui mettoit de même parquer ses moutons, a imaginé plusieurs changemens utiles à un des meilleurs Semoirs. (*Cult. des Terr.* T. IV, p. 117 & suivantes). Nous devons mettre au nombre de ces Laboureurs distingués, qui saisissent habilement les traits de lumiere propres à les guider dans la perfection de leur Art, cet autre à qui M. de la Salle (*Man. d'Agric.* p. 64), donne de justes éloges pour avoir copié en entier le Traité des *Prairies Artificielles* : Qu'un tel Homme eût été témoin des récoltes produites par la Nouvelle Culture & par les Semoirs, dans les terres de M. de Châteauvieux & ailleurs ; n'auroit-il pas été empreffé de fe donner un femoir ? N'eût-il pas fait encore plus que ce que nous avons rapporté (*p.* 48 &c) d'un bon nombre de Laboureurs, déterminés à fuivre une méthode dont la nouveauté leur avoit paru fufpecte ?

D'ailleurs, toute pratique qui fronde en grande partie les ufages reçus en fait d'Agriculture, a-t-elle un privilege particulier, dont foit exclus feul un changement quelconque dans les inftruments du labour ? M. de la Salle, qui fe glorifie (*Man. d'Agric.* p. 202) « d'être le premier dans toute l'Agri- » culture qui ait donné l'exemple de » fon Syftême de Prairies Artificiel- » les » ; auroit-il trouvé raifonnable non feulement que l'on blâmât fon innovation, mais encore qu'on lui en conteftât le droit comme n'étant point Agriculteur ? Car enfin, lorfqu'il fit fes premiers effais, il lui man-

quoit ce caractere ; il n'avoit point
cette expérience dont il se pare &
s'étaye si souvent ; on auroit pu dire
qu'il ne faisoit encore que bégayer
sur son Système : puisqu'il convient
(*p.* 571) que ses premiers pas ayant
été trop peu mesurés, il se vit bientôt
obligé de réformer une partie de son
train. Comme il déclame beaucoup
contre la routine, qui est l'usage ordinaire, & qu'il prescrit aux Cultivateurs un ordre d'opérations qu'ils mé-
connoissent ; je demande à cet Auteur qu'il s'arrête pour écouter la voix
publique qui lui oppose les mêmes
objections dont il prétend se servir contre la Nouvelle Culture : s'il
réussit à se justifier, ses propres défenses deviendront l'apologie de cette méthode.

§. VIII.

Des Semoirs.

L E Semoir *n'est réellement qu'une
frivolité ;* une « invention inutile dans
» notre façon de cultiver, & qui n'est
» nécessaire que dans la pratique de
» la nouvelle méthode », dit M. de

la Salle , *pp.* xv , 55 , 68. Je ne sçai si c'est à dessein de plaisanter , en employant une expression triviale ; ou si c'est dans une autre vue ; qu'il dit encore (*p.* 498) que « n'étant pas » possible de semer à la main trois ran- » gées dans un grand terrein , on se » sert d'un semoir qu'on dit être de » l'invention de M. Tull, & qu'il ap- » pelle *Drill*: aussi est-il si *PRESTE* dans » son opération, qu'en faisant les ran- » gées , il y répand en même temps » le froment, & le couvre ». Si M. de la Salle a réellement voulu faire allusion au terme populaire de *Drille* ; comment n'a - t - il pas senti qu'un Gentilhomme qui a reçu une éducation Angloise n'auroit vraisemblablement point choisi , pour introduire dans sa langue naturelle, & en faire un terme important, un mot qui n'est d'usage parmi nous que dans le plus bas peuple ? Pour trancher toute difficulté à cet égard , je crois devoir rapporter ce que dit M. Tull même : « J'ai nommé cet instrument *Drill* , » parce que les fermiers avoient cou- » tume d'exprimer par le nom de *Dril-* » *ling* , leur maniere de semer les

H v

„ feves & les pois dans des sillons ”.
Notes on the Horse-Hoing Husbandry,
London 1733, in fol. *p.* 254.

Le Semoir de M. Tull étoit un instrument fort composé, & trop délicat pour être manié par des paysans, ainsi qu'en a averti M. Duhamel dans le *Tr. de la Cult. des Terres*, **T. I**, p. 114. Voyez encore le 2e Volume, p. 132-3-4. Ce n'est donc pas proprement de ce Semoir que **M.** de la Salle a eu raison de dire (*p.* 510) que c'est *la piece importante de la Nouvelle Méthode*.

Comme le Semoir Anglois avoit des défauts essentiels ; & que la distribution réguliere des semences dans une grande exploitation, tant pour leurs distances respectives, que pour la profondeur qui leur convient, demandoit un instrument de ce genre ; on s'est appliqué à en faire de meilleurs, c'est-à-dire, assez solides pour ne pas risquer d'être brisés ou dérangés lorsqu'ils seroient maniés par des gens grossiers & mal-adroits. On sentit encore qu'il falloit que ces instruments pussent être construits par des ouvriers médiocrement habiles, &

réparés par celui qui doit s'en servir ;
en un mot, qu'ils fussent simples ,
commodes , faciles , & que leur conduite n'assujettît pas à trop de précision. C'est ce que fit remarquer M.
Duhamel dans son 2e Volume du *Tr.*
de la Cult. des Terres , p. 134 & 135.
Cet Académicien proposa en même-
temps un Semoir de son invention ;
où il avoit rassemblé ces divers avantages , & qui exécutoit l'operation de
semer & recouvrir le grain , assez vîte
pour qu'un seul homme pût semer 5
à 6 arpens dans un jour. Ce Semoir
y est décrit , & son action expliquée ,
depuis la *p.* 140. Dès - lors M. de
Montesui s'en servit avec grand succès , « tant pour semer les terres qu'il
» destinoit à la Nouvelle Culture ,
» que celles qu'il se proposoit de cul-
» tiver à l'ordinaire » : *p.* 157, 239.
M. Duhamel fit ensuite des changemens à cette machine : pour bien les
comprendre, consultez le 2e Volume, *p.* 135, 157-8 , 240-1-4 ; le 3e
Volume, p. 375 ; le T. IV, p. 68-9 ,
86-7-8, &c, 117, 126-7, 458 & suivantes ; T. V , p. 269 , 270 jusqu'à
283 ; T. VI, p. 271-2-3-4-5 , 357

& suivantes, 374-5 ; les *Elémens d'Agriculture*, T. II, p. 404-5. Au moyen de quoi le Semoir est devenu plus léger, beaucoup moins coûteux, fort aisé à manier, à portée de servir aux paysans les moins capables de réflexion ; & propre à semer en toutes sortes de terres, sur plusieurs distances, plus ou moins épais, & des semences de différentes grosseurs.

M. *de Châteauvieux* imagina aussi un Semoir, dont la précision ne laissoit rien à desirer : T. III, p. xv, xvj, 214, &c, 374. Voyez aussi le 4e Volume, p. xij, 458, &c. Bientôt après, M. *de Montesui* en construisit un, qui avoit sur les autres l'avantage d'une grande simplicité : T. III, p. xvj, 373-4 & suivantes ; T. IV, p. 116-7. On voit dans le 4e Volume un autre Semoir, de M. *Diancourt*, p. xij, 14, &c : & à la *p.* 110, la description d'un instrument fort peu coûteux, avec lequel M. *Vanduffel* a semé très-régulierement de petits champs, & qui peut être utile dans d'autres semblables exploitations, dont le produit n'indemniseroit pas de l'achat d'un Semoir. Voyez encore les pages

68-9 , 86-7 , &c ; T. VI, p. 271-4-5-7, 280-4-7 , 295-7-8-9 , 323 ; & les *Eléments d'Agriculture*, T. I, p. 482 ; T. II, p. 404, où M. Duhamel détaille divers instruments de ce genre , imaginés par différentes personnes.

Ces attentions multipliées peuvent servir à prouver que l'on étoit convaincu du bénéfice qui résulte de l'usage d'un instrument propre à répandre la semence avec régularité.

Avant tous ces Semoirs , D. Joseph Lucatello en avoit fait exécuter un en Espagne, qui tout imparfait qu'il étoit, procura un bénéfice considérable dans la récolte, indépendamment de l'épargne faite sur la semence. Ce même Semoir , éprouvé en 1663 dans les états de l'Empereur , eut un succès prodigieux. Consultez le 1ᵉʳ Volume du *Tr. de la Cult. des Terr.* p. 372 & 373 , puis les *pp.* 364 & suivantes ; où cet instrument est décrit, & son usage circonstancié.

On voit encore dans le 2ᵉ Volume , (*p.* 189, 190-1 & *Planche V,*) une Charrue envoyée de la Chine en France, qui laboure & seme en même temps.

Ne réfulte-t-il pas de ce concours un préjugé favorable à des inventions telles que celles-ci, qui réuniffent la promptitude, la régularité & la commodité du travail ?

« Ces inventions, dit M. de la Salle (*p. 563*) « ne feront jamais ve-
» nir un grain de plus vis-à-vis une
» bonne agriculture ». Des faits avérés feront une preuve convaincante que nos Semoirs ont encore cet avantage, outre les trois qui viennent d'être indiqués. Ne perdons pas de vue que l'ufage du Semoir produit une épargne confidérable fur la femence. Voici donc une mention fuccinte de témoignages affez nombreux pour rendre certaine la fupériorité des récoltes opérées per le Semoir. Je pourrois accumuler des faits dont il réfulteroit dans la plus grande évidence, que, vis-à-vis de la culture commune, le Semoir produit prefque le double, tant en épargne de femence qu'en grain récolté, dans des champs où on l'a employé pour femer en plein. Les perfonnes qui voudront s'en affurer, confulteront le *Tr. de la Cult. des Terr.* T. III, p. 141-2-3-4-5, 369, 370

jusqu'à 381, & 391 ; T. IV, p. 368-
9, 370-1-2, 380-1-2-3, T. V, p. 34-
5, 486 jusqu'à 496, 513, 519 ; T.
VI, p. 92, 297, 493-4-5-6, 503-4-
6. Depuis la *p.* 487 du 5ᵉ Volume, il
s'agit des produits de trois années
consécutives (1754-5-6) dans 116
à 150 arpents, où l'avantage du Semoir s'est constamment soutenu :
d'où l'on tire des conséquences bien
naturelles (*p.* 495). « Ce particulier,
» y est-il dit, attentif à ses intérêts,
» amateur de ce qui procure le bien
» le plus essentiel à tous les hommes,
» a donc eu raison d'adopter une nou-
» velle pratique qui a mis dans ses
» greniers & dans les marchés pu-
» blics, 157942 pesant de bled, de
» plus qu'il n'y en auroit eu sans cette
» favorable opération. Chacun peut
» calculer quelle somme d'argent il
» aura pu retirer d'une pareille quan-
» tité de bled, en l'évaluant au cours
» qu'a eu le plus beau froment, & de
» la qualité la plus parfaite ; car, ce-
» lui qu'il a récolté étoit fort beau ».
Voyez encore le 4ᵉ Volume, p. 391
& 392.

Mais il importe de me mettre préciſément dans le point de vue où **M.** de la Salle s'eſt placé, en nous dé-fiant de montrer que le Semoir puiſſe faire venir un grain de plus, *vis-à-vis d'une bonne culture.*

Suivant les principes de cet Au-teur, une bonne agriculture eſt celle qui ameublit la terre autant qu'il eſt poſſible, relativement à ſa qualité & au beſoin des plantes. J'aurai donc gain de cauſe ſi je puis établir que les terres diſpoſées en planches, ſuivant la Nouvelle Culture, rapportent plus de grains, que celles que l'on ſe con-tente de ſemer en plein avec le Se-moir, quoique ces dernieres ſoient dans un bon état d'ameubliſſement & de culture à tout autre égard. Pour y réuſſir, je n'aurois preſque beſoin que de rapporter le ſuffrage reſpectable de M. de Châteauvieux. Cet amateur a adreſſé à M. Duhamel, pour inſérer dans le *Trraité de la Culture des Ter-res.* (Tom. V, p. 498 & ſuivantes) une ſuite de calculs, en comparaiſon de terres ſemées les unes en plein, les autres en planches ; relativement aux travaux, & aux produits nets, de pluſieurs années. On y voit que le

produit des planches furpaſſe éton-
namment celui des terres ſemées en
plein avec le ſemoir, & que celles-
ci ont l'avantage ſur la pratique ordinaire.

M. d'Elbene a pareillement fourni
pour le 6ᵉ Volume du même ouvrage
un détail très - circonſtancié, où,
après avoir expoſé le produit commun de certaine quantité de ſes terres depuis l'année 1677 juſques &
compris 1756; il compare ces récoltes à celles qu'il a eues dans les mêmes champs en 1757-8 & 1759; en
ayant toujours ſemé une partie ſuivant l'ancienne façon, une autre partie en plein avec le Semoir, & une
troiſieme conformément à la Nouvelle Culture. Puis il dit (p. 133):
« Le réſultat de ces trois années pa-
» roît établir clairement l'avantage
» de la bonne ſur la médiocre Cul-
» ture; celui du Semoir en plein, ſur
» la méthode ordinaire de répandre la
» ſemence; & de la Nouvelle Culture,
» ſur l'Ancienne...... Les terres ſe-
» mées en planches ont donné plus
» de grain que celles qui l'ont été à
» l'ancienne façon, & avec le Semoir.

» Ce bénéfice ne peut avoir été pro-
» curé que par cette méthode, puis-
» que je n'ai mis du fumier nulle
» part ; . . . . . . & qu'une partie des
» champs en plates-bandes est recon-
» nue pour être mes terres de la moin-
» dre qualité, & comme telle, étoit
» destinée par mes fermiers à porter
» du seigle ».

Des épreuves si bien faites, & en grand, sont sans doute des témoins irréprochables. M. de la Salle, au lieu de s'instruire de la vérité dans ces sources claires, se contente de jetter des doutes insidieux, afin d'indispo- ser contre une méthode qu'il ne peut attaquer autrement. Je continuerai d'être fidele à mon plan, comme il l'est au sien dans tout le *Manuel d'A- griculture* : j'opposerai toujours des preuves à ses soupçons, des faits à ses assertions vagues ; & je présente- rai la lumiere, où il a répandu des nuages.

Tel est encore cet endroit de la *p.* 562 : « Quand la quantité de semence
» a été réglée par le laboureur; qu'il se
» serve du semoir, ou qu'il se serve
» de sa poignée, pour la répandre, y

» a-t-il quelque chofe pour lors
» à gagner pour lui ? & y aura-t-il
» plus d'avantage d'un côté que de
» l'autre » ?

Voici ma réponfe. Quoiqu'il foit
vrai qu'un bon femeur acquiert l'habitude & l'adreffe de femer à la volée affez également la totalité d'un champ ;
ce grain répandu à pleine main en
forme de pluie, & avec force, bon-
diffant fur la terre, tombe en quantité
dans les parties les plus baffes, & s'a-
maffe par pelotons au fond des raies
qu'a tracées la charrue, dans une terre
douce. Pour couvrir cette femence,
on fait paffer la herfe en plufieurs fens,
jufqu'à ce que le terrein foit à peu-près
uni, & qu'on n'apperçoive plus les
fillons. La terre des éminences étant
rabbatue dans les raies, le terrein fe
met à l'uni ; & la femence leve par
rangées, attendu qu'elle s'eft raffem-
blée dans les fillons. Cette maniere
d'enfemencer, que l'on peut regarder
comme une des meilleures, par rapport à ces fortes de terres, fait que
les grains étant trop preffés, il y en a
beaucoup qui avortent. D'ailleurs en
examinant de près le champ nouvel-

lement herfé, on apperçoit à fa furface quantité de grains, qui, étant découverts, ne tardent pas à être enlevés par les oifeaux. Qu'on emploie la herfe ordinaire, ou la herfe roulante deftinée à émotter le champ, l'inconvénient dont nous parlons, fubfifte toujours.

Dans les terres qui font trop fortes, trop remplies de mottes, pour permettre l'ufage de la herfe, le grain étant répandu avec la main eft enterré à la *Binette* : c'eft-à-dire, qu'avec une charrue qui pique peu, l'on refend les éminences pour couvrir le grain qui eft dans les fillons. Quelque foin que l'on apporte, il eft impoflible de les refendre toutes également. Il réfulte donc fouvent de ce labour général & léger, qu'une partie de la femence fe trouve couverte d'une trop grande épaiffeur de terre, pendant que l'autre n'eft point enterrée.

Une troifieme méthode, eft celle de femer *fous raies*, que l'on emploie dans les terres qui déchauffent ; & dans les terreins fort légers, où l'on craint que le vent ne découvre la femence, ou que le Soleil ne defféche les racines des grains qui auroient germé trop près de la fuperficie. Cette opération confifte à femer à la main fur le guéret du troifieme labour, & enterrer la femence avec la charrue ; ayant foin que ce 4ᵉ labour foit léger, & pique peu, afin que le grain ne foit pas enterré trop profondément. Il en refte alors beaucoup qui n'eft point recouvert. D'ailleurs il y en a encore un bon nombre qui fe trouve placé fur des endroits durs, où leurs premieres racines ne peuvent s'établir ; ce qui occafionne néceffairement une diminution de plantes. Dans les endroits où l'on enterre ainfi le grain, on ne répand quelquefois d'abord que la moitié ou le tiers de la femence, & on jette le furplus derriere la charrue dans les fillons qu'elle vient de former : ce qui confomme beaucoup de grain ; & fait que celui des fillons eft fouvent trop enterré, pendant que la portion qu'on avoit jettée fur le guéret, n'eft pas à une fuffifante profondeur, & tourne en pure perte, foit par le pillage des oifeaux, foit par le defféchement que le foleil occasionne dans les plantes qui ont leurs racines à découvert. Voyez le *Traité de la Culture des Terres*, T. II, p. 276.

Par-tout où l'on couvre le grain avec la charrue ; pour peu que la terre soit humide, on la corroye, on l'endurcit, on lui fait beaucoup de tort, & la semence est enterrée à des profondeurs bien inégales.

Tout ce que je viens de dire est notoire, & M. de la Salle ne peut en nier aucune partie. Mais, s'il eût vû agir un *Semoir*, il auroit reconnu 1°, que cet instrument fait des sillons proportionnés à la profondeur que l'on juge convenable pour que chaque espece de semence soit à portée de bien germer ; 2°, que tout le grain y est déposé sur un même niveau, où ses racines se trouvent ensuite également à l'abri du soleil ; aucune plante ne pouvant être plus près de la superficie que les autres ; 3°, le semoir remplissant de terre chaque rigole, il n'y a point de grain qui demeure découvert. Ajoutons que cet instrument ne verse dans chaque rigole, que la quantité précise de se-

mence que l'on a jugée être convenable.

Ces faits, dont l'œil juge sans appel, sont encore soutenus par ceux
que nous avons indiqués comme propres à faire voir, dans une grande
évidence, que l'usage du Semoir produit constamment des récoltes supé-
rieures à celles qui résultent du grain
semé à la volée, suivant l'usage ordinaire.

Aussi M. Duhamel & beaucoup
d'autres Cultivateurs, regardent-ils
comme une branche réelle de la Nouvelle Culture, & un article important
pour l'Agriculture en général, que
l'on se restreigne à l'usage du Semoir,
sans rien changer à la façon de labourer les terres ; pourvû que l'on ait soin
de leur procurer tout l'ameublissement dont elles sont susceptibles, &
de les bien nettoyer d'herbes. Dès
1752, M. Duhamel imagina d'employer le Semoir pour ensemencer
en plein. Le champ fut très-bien semé ; & quoiqu'on eût mis moins de
semence que dans les terres semées
à l'ordinaire, il se trouva autant fourni d'épis que les autres, dans le

temps de la moisson : *Cult. des Terr.*
T. II , p. 238. Ainsi on n'a pas lieu
de regarder comme un dernier effort
pour soutenir le Semoir , ce que **M.**
Duhamel a dit dans les derniers Volumes & dans les *Eléments d'Agriculture* ; que la bonne culture pourroit
être réduite aujourd'hui à l'usage du
Semoir en plein , dans des terres bien
ameublies & nettoyées par les labours. Voyez encore le *Tr. de la Cult.
des Terr.* T. III , p. 63 & 64.

Cette méthode , plus aisée à pratiquer que celle de M. Tull , aura toujours des avantages réels , du côté de
la récolte , & pour l'épargne de la
semence. Dans des cultures absolument égales , celle où tous les grains
feront placés de maniere à germer
& à produire des plantes , ne man-
quera jamais de fournir une récolte
beaucoup plus avantageuse , que celle
des champs dont une partie du grain
n'aura pas été bien couverte. Car ,
indépendamment de celui que les
oiseaux enlevent , une autre portion
placée trop avant dans la terre y est
étouffée , & l'on ne voit réussir que
les grains placés par hazard à une
profon-

profondeur convenable. Avec le Semoir, l'opération est mesurée, réfléchie, uniforme ; en un mot, tout devient profitable par cette méthode ;
& il y a toujours de la perte réelle,
dans l'autre.

L'instrument n'auroit peut-être aucun avantage sur la main du semeur,
si l'un & l'autre ne faisoient que distribuer le grain, ensorte qu'au bout du
champ il ne restât rien de la quantité
que l'on avoit voulu y mettre, &
qu'on ne fût pas obligé d'y en ajouter
une poignée. Cette précision de la
part du semeur est un mérite : mais
elle ne suffit pas, quoique M. de la
Salle affecte de la vanter pour la mettre au moins de niveau avec la précision du Semoir ; *p.* 372, 562 & 563.
Ce qui éleve cet instrument au-dessus
de l'autre industrie, c'est qu'il dispense de semer beaucoup de grain en pure
perte.

L'épargne qu'il produit sur la semence est une économie bien digne
d'attention; puisqu'on se prive soi-même & les autres de tout le grain qui,
étant semé, ne produit pas. Qu'on
achete le bled de semence, ou que

I

l'on vende celui qui reste après les semailles, le plus ou le moins, soit d'achat, soit de vente, a un effet réel dans l'ordre économique, & est sensible à proportion des facultés du Laboureur. Consultez les *Eléments d'Agriculture*, T. II, p. 402-3; & le *Traité de la Culture des Terres*, T. IV, p. 391-2; T. V, p. 453 & 454.

J'ajouterai ici un autre avantage du Semoir, en le regardant sous un point de vue également intéressant. C'est d'après M. France, Cultivateur habile, que M. Duhamel l'a indiqué dans le 6e Volume du *Traité de la Culture des Terres*, p. 80 & 81. Ayant fait défricher deux pieces de sainfoin qui ne sont séparées que par une allée, & dont l'une contient 2132 toises quarrées, l'autre, 3003; M. France fit labourer quatre fois, & herser six fois, chacune de ces pieces...... La terre en devint extrêmement fine & meuble. On ensemença la plus petite des deux en plein, avec un *Semoir* qui y répandit 87 livres & demie de froment. L'autre fut *semée à la main* par le laboureur, avec 517 livres & demie du même froment, qu'il enterra avec la charrue. Les deux opérations se firent en même temps. Deux hommes avec un cheval furent occupés au Semoir; & un autre homme conduifit un cheval pour faire paffer le dos de la herfe fur la terre enfemencée avec cet inftrument. D'un autre côté, le laboureur qui femoit, employa quatre hommes & huit chevaux pour enterrer fa femence avec quatre charrues ; plus, un homme & un cheval, pour paffer un rouleau : & il ne finit qu'une demi-heure avant le Semoir. Voilà une épargne bien confidérable de femence, d'inftruments, d'hommes & de chevaux, tout enfemble : objet frappant, qui démontre qu'il eft beaucoup plus avantageux de fe fervir du Semoir, que de répandre le grain à la volée.

M. de la Salle ne néglige rien pour nous perfuader qu'il regarde comme chimérique le gain que l'on fait fur la femence, en employant le Semoir. Tâchons de mettre cet Auteur à portée de bien concevoir ce qu'il auroit pu apprendre comme nous, en lifant les Traités de M. Duhamel, fur l'Agriculture. Car je fais profeſſion de ne rien dire dans tout cet Ouvrage , que d'après un ſi excellent Auteur. **M.** de la Salle lui impute (*p.* 561) « d'inſiſter toujours à attri-» buer à l'uſage du Semoir de pouvoir » beaucoup réduire la ſemence, *ſans* » *expliquer la cauſe* d'un effet auſſi mer-» veilleux. Dans la pratique de la nou-» velle méthode, il y a du moins (ajou-» te-t-il) une cauſe apparente , dans » ſon prétendu principe de fécon-» dité : mais le propoſer encore dans » une autre méthode qui a des prin-» cipes différents , avec les mêmes » avantages , *ſans en expliquer la cauſe,* » c'eſt ce qu'on ne conçoit point ».

Oui, **M.** Duhamel a propoſé l'uſage du Semoir comme avantageux à cet égard , lors même que l'on voudra ſemer en plein un champ bien ameubli , & bien net d'herbes : nous le diſions il n'y a qu'un inſtant. Mais cet Ecrivain exact, n'a eu garde d'omettre l'explication que demande ſon adverſaire ; & dont il ne pouvoit manquer de prévoir l'importance , ayant un zèle ſi éclairé ſur le Bien public.

Il n'y a point d'Agriculteur , mê-

me parmi ceux fur qui le livre de M.
de la Salle auroit fait impreffion, qui
ne doive voir ici volontiers cette
difcuffion intéreffante, quoiqu'elle
exige un peu de longueur. M. de la
Salle ayant nié des faits, je dois certi-
fier leur exiftence : en expofant les
raifons qu'allégue M. Duhamel, je me
fervirai de fes expreffions mêmes.

Voici ce qu'on lit dans la Préface
du 3ᵉ Volume du *Traité de la Culture
des Terres*, pp. vj, vij & viij. « Quand
» on eft parvenu à rendre une terre
» nette de mauvaifes herbes, le fro-
» ment peut alors s'approprier toute la
» fubftance de cette terre ; lorfqu'elle
» aura été réduite en petites molécu-
» les par des labours réitérés, les raci-
» nes du froment s'étendront à des dif-
» tances qu'on n'auroit pas imagi-
» nées : au lieu de deux ou trois tuyaux
» que chaque grain produit ordinaire-
» ment, il s'en élevera dix, douze,
» & même un plus grand nombre :
» cette augmentation fuppléera de
» refte à ce qu'on aura retranché de
» femence ; nous rapporterons dans
» la fuite, de nouvelles preuves de ce
» fait.......... Comme il fe trouve

» nécessairement de mauvais grains
» qui ne germent pas , & que d'ail-
» leurs les mulots, les limaces , &
» d'autres animaux , en détruisent tou-
» jours une partie ; il est nécessaire
» de sacrifier une portion de semence
» à ces accidents. Mais ce surcroît
» de semence, qu'on peut regarder
» comme une perte nécessaire , ne
» sera jamais comparable à la dépré-
» dation que l'on éprouve en suivant
» la pratique ordinaire de labourer &
» de semer. Suivant cette ancienne
» méthode , les grains qui prosperent
» produisent un ou deux épis , quel-
» quefois trois , rarement quatre ; &
» pour réduire le tout à un taux com-
» mun , supposons que chaque grain
» produise deux épis , on peut en-
» core supposer que , l'un dans l'autre ,
» chaque épi contient trente grains :
» ainsi chaque grain de froment qu'on
» met en terre devroit en produire
» soixante. Néanmoins les récoltes
» ordinaires , prises sur un gros lot de
» terres , & réduites à une année com-
» mune sur quinze récoltes , ne vont
» pas au-delà de quatre ou cinq au plus
» pour un. Ces faits qui sont exacte-

» ment vrais, prouvent combien il y a
» de femence perdue en fuivant l'ufa-
» ge ordinaire ; & quelle économie
» il doit réfulter de la nouvelle façon
» de cultiver les terres, même en em-
» ployant le furcroît de femence qui
» eft néceffaire pour les accidents
» dont nous avons parlé. Il eft bien
» vrai qu'on pourroit, même en pra-
» tiquant la méthode ordinaire, fe
» difpenfer de prodiguer la femence,
» comme le font la plûpart des fer-
» miers, & que les récoltes n'en fe-
» roient que plus abondantes, fur-
» tout dans les bonnes terres ; &
» qu'on poufferoit encore plus loin
» l'économie fi l'on fe fervoit de nos
» Semoirs, qui répandent la femence
» plus uniformément, & qui la recou-
» vrent exactement de terre : mais les
» avantages qu'on peut efpérer de
» ces changements ne feront jamais
» auffi confidérables, que ceux qu'on
» obtiendra en fuivant toutes les opé-
» rations de la Nouvelle Culture ».

Dans le Ve Volume, M. Credo
dit, relativement à la Méthode de M.
Tull (*p.* 34 & 35) : « Il eft manifefte
» à tout le monde qu'il peut y avoir

» la moitié de la semence épargnée,
» puisqu'il n'y a pas réellement la moi-
» tié de la terre ensemencée. Mais les
» expériences démontrent que l'éco-
» nomie va bien plus loin. On épar-
» gne sans gêne les cinq sixiémes.
» Cette pratique tire sa bonté de la
» perfection des instruments, qui se-
» ment tout avec profit ». Consultez-
y encore les *pages* 36, 37, 457 &
suivantes.

Je crois être dispensé de rien citer
de plus; ayant déjà allégué suffisamment de bonnes raisons pour démontrer en quoi consiste l'épargne opé-
rée par le Semoir. On trouvera encore
de quoi se satisfaire à cet égard, dans
le I. Volume des *Eléments d'Agriculture*, Liv. 6, ch. 1, art. 2.

M'étant servi jusqu'à présent en
beaucoup d'endroits, des expressions
mêmes employées par M. Duhamel,
j'ai donné au Public le moyen de reconnoître que cet habile Auteur ne
fait pas *dépendre du Semoir le rétablissement de l'Agriculture*; comme le lui
attribue M. de la Salle, *p.* 372. Cet
instrument est avantageux en tant qu'il
est commode, expéditif; qu'il dimi-

nue la confommation de grain & les autres frais de femaille ; enfin, que mettant toute la femence dans une fituation au moyen de laquelle on récolte plus de froment & qui eft mieux conditionné à tous égards, il rend cette denrée plus abondante, & le laboureur plus aifé. Mais la vraie bafe fur laquelle M. Duhamel fonde le rétabliffement de l'Agriculture, eft le parfait ameubliffement des terres , & la deftruction des herbes nuifibles : deux conditions fans lefquelles on feroit fruftré des avantages que préfente le Semoir. Voyez *le Traité de la Culture des Terres* , T. IV, p. 305 & 306.

Au refte , dans la ftructure des différents Semoirs dont nous avons fait mention , « chacun a travaillé *relati-* » *vement au terrein* qu'il avoit à culti- » ver. Ainfi quelques-uns de ces inf- » truments fe font trouvés propres à » enfemencer les terres que l'on feme » à plat ou par larges planches , & où » l'on enterre le grain avec la herfe ; » d'autres ont été deftinés à répandre » la femence dans le fond des raies , » lorfque la nature du terrein exige

I v

» qu’on seme sous raies, & qu’on en-
» terre la semence avec la charrue ».
Elém. d’Agric. T. II, p. 36.

Ce texte de M. Duhamel s’oppose
au ridicule que M. de la Salle a voulu
jetter sur le Semoir, en disant (*pp.*
366 & 367) : « Dans la nouvelle mé-
» thode de M. Tull, rien n’est si aisé
» ni si facile que la proportion de la
» semence ; puisque , selon lui , il ne
» s’agit que de réduire à moitié , au
» tiers , & même au quart , la quantité
» de semence qu’on emploie dans
» nos Pratiques Locales , pour être as-
» suré , par le moyen de son Semoir ,
» d’avoir tous les ans d’excellentes
» récoltes : il sembleroit donc , à l’en-
» tendre , que ce ne seroit *ni l’examen*
» *du terrein* , ni l’expérience , ni mê-
» me toutes les variations & les acci-
» dents . . . . . . , qui doivent régler
» la quantité de semence par arpent ,
» & que l’usage de son Semoir auroit
» seul cette vertu , parce qu’il a l’ef-
» fet d’espacer chaque grain qu’il ré-
» pand , à la distance de cinq à six
» pouces plus ou moins ». Ce qui
acheve de résoudre l’objection , est
que l’on voit en nombre   ndroits

M. Duhamel infifter fur la prudence qui doit diriger le laboureur pour répandre plus ou moins de femence, eu égard aux différentes qualités des terres, aux accidents, &c. Ainfi dans le 4ᵉ Volume du *Traité de la Culture des Terres*, cet Académicien dit (p. xvj & xvij) : « Pour trouver le terme » moyen qui doit être le plus avanta- » geux, on conçoit bien qu'il faut » avoir égard aux grains viciés qui ne » lévent pas, aux plantes qui périffent » dans les grandes gelées, & à celles » qui font endommagées par les in- » fectes. Ce n'eft pas encore tout ; en » fuppofant qu'on foit parvenu à fixer » la quantité de grain qu'il faut mettre » dans une certaine terre, cette quan- » tité fera-t-elle également convena- » ble pour des terres plus graffes ou » plus maigres ? » Entre les Problêmes que M. Duhamel propofe enfuite aux Amateurs d'Agriculture, le 2ᵉ demande « Quelle quantité de grain il eft à » propos de mettre dans une terre qui » n'eft ni trop forte ni trop légere » ? *Voyez* encore ci deffus pp. 198, 199. ce que nous avons extrait du 3ᵉ Volume : & dans le 2ᵉ Volume, les pages

241-2-3-4 & 329; dans le 3ᵉ Volume *p.* 203 & 204; la *p.* 438 du T. IV; la 37ᵉ du Vᵉ Volume; T. VI, p. 32 & 64.

Est-ce là user témérairement du Semoir? Ne doit-on pas plutôt reconnoître dans ces expressions la sagesse qui avertit que l'instrument ne sera utile, qu'autant que *l'examen du terrein, l'expérience, la considération des accidents,* guideront l'intelligence du semeur, dans son usage? *Voyez* aussi la 364ᵉ page du Tome IV. Il y est encore fait une mention expresse des *terreins de différentes qualités,* où l'avantage du Semoir s'est soutenu; *pp.* 370, 371, 382 & 383.

Terminons cet article par un nouveau genre de preuve, que M. de la Salle auroit dû demander, s'il n'avoit pas supposé gratuitement (*p.* 528) qu'aucun fermier n'est convenu de l'utilité du Semoir. Nous avons dit dans le 1ᵉ Paragraphe (*p.* 48 & 49) qu'un Métayer, témoin des avantages constants que son Propriétaire avoit eus en semant en plein avec le Semoir pendant trois années consécutives, pria instamment qu'on lui permît de suivre

cette pratique dans toutes ſes terres :
2°, que des Payſans à qui les récoltes
de M. de Châteauvieux donnoient
une meilleure leçon que n'auroient
fait beaucoup de livres, députerent
l'un d'entre eux à ce Magiſtrat, à l'effet
d'en obtenir la communication du détail de ſes experiences, pour la leƈu-
re deſquelles ils s'aſſembleroient pendant l'hiver. « Je crois bien, » dit le
député, « que nous ſerons d'avis de
» ſemer en plein avec le Semoir ; après
» cela nous verrons : peut - être bien
» faudra-t-il en venir à faire des plan-
» ches ».

On a auſſi vû, dans la *p.* 50, qu'en
Bourgogne un laboureur s'eſt conſ-
truit, par lui-même, un Semoir.

M. d'Elbene, dont les détails de culture bien exécutés & bien circonſtan-
ciés, ſont rapportés dans le VIᵉ Volume du *Traité de la Culture des Terres*, y
dit (p. 117) que pluſieurs Payſans du
Comtat Venaiſſin, adopterent la Méthode de ſemer en plein avec le Semoir, après en avoir reconnu les avantages & les ſuccès.

M. de Châteauvieux diſoit en 1754,
que ſes expériences avoient déjà fait

une forte impreffion fur beaucoup de
perfonnes du Genevois, & que chacun
le décidoit felon fon gout & felon le
degré d'efpérance qu'il concevoit des
avantages attribués à la nouvelle mé-
» thode. Il eft vrai, (ajoute-t-il) « que
» l'on fe porte beaucoup plus généra-
» lement à femer en plein avec le Se-
» moir, qu'à établir des planches,
» dont la pratique paroît chargée d'u-
» ne grande quantité de travaux, qui
» ne peuvent, dit-on, être exécutés
» qu'avec des foins continuels, & des
» attentions trop fatigantes. L'ufage
» du Semoir en plein eft adopté par
» préférence, à raifon de fa fimpli-
» cité : on a commencé à s'en fervir
» l'année derniere ; & cette année
» une très-grande quantité de terres
» des environs de notre ville, font
» enfemencées de cette façon. Plu-
» fieurs *Payfans* ont voulu auffi faire
» l'expérience du Semoir : leur exem-
» ple ne fera pas indifférent pour la
» fuite. On connoît leur répugnance
» à fe prêter à de nouvelles pratiques :
» celle-ci s'eft fait jour à travers leurs
» préventions ; mais bien éclairés fur
» leur intérêt, la vue de leurs femailles

» leur fait regretter de n'avoir pas en-
» femencé une plus grande quantité
» de terre fuivant cette méthode ».
Culture des Terres T. III , p. 162 ,
163 & 164.

Ce Magiftrat Cultivateur dit auffi
dans le IVe Volume (*p.* 529 , 530 &
531) : « Il y a un grand nombre de
» perfonnes éclairées qui ont enfe-
» mencé pour la récolte prochaine
» une partie de leurs terres en plein
» avec le Semoir : nous avons déjà
» dans les environs de Genêve plu-
» fieurs métairies dont il y en a de
» fort confidérables , qu'on n'enfe-
» mence plus que de cette manie-
» re............ Il n'eft pas étonnant
» que des perfonnes capables de ré-
» flexion fe laiffent ainfi perfuader ;
» mais j'ai été agréablement furpris de
» voir la conviction s'étendre à des
» gens qui n'agiffent ordinairement
» que par routine.

« L'épargne de la femence eft un
» avantage qui frappe beaucoup le
» payfan » , dit pareillement M. Vanduffel , dans le IIIe Volume du *Traité*
de la Culture des Terres , p. 37.

On voit encore , dans le mêm

Tome III, *p.* 165-6 ; & dans le IVe,
p. 365-6-8-9, 383, 534 ; l'usage de
semer en plein avec le Semoir, s'étendre beaucoup, non seulement parmi
les Genevois, mais dans une grande
partie de l'Europe. Je ne répete point
les autres citations que j'ai eu ci-devant occasion de faire.

« Les expériences ainsi multipliées
» répandront de proche en proche
» des instructions qui dresseront les La-
» boureurs à de nouvelles pratiques ;
» & l'on sera engagé à continuer,
» par les succès & la facilité d'exécu-
» ter tous les travaux » : dit M. de
Châteauvieux dans le IVe Volume du
Traité de la Culture des Terres, p. 585.

Je ne pourrois ajoûter aucune réflexion qui fût aussi forte que la preuve
complete qui résulte de tous ces faits.
Les progrès de l'usage du Semoir ne
peuvent être dûs à l'attrait de la nouveauté ; puisque l'adoption de cet
instrument ne s'est faite qu'avec réflexion, & sur le vû des avantages qu'il
procuroit pour les semailles & pour
les récoltes. Les Paysans & les Laboureurs ne peuvent être suspects à
cet égard : s'ils ont préféré le Semoir

à leur ufage de femer à la volée, il faut qu'ils aient été fortement convaincus de l'importance dont il étoit pour leurs intérêts, de changer de pratique.

§. IX.

La Méthode de M. Tull peut-elle être exécutée en grand, avec fuccès ?

JE n'emploierai point ici le témoignage de M. Tull. On eft dans l'habitude de voir un Auteur parler avantageufement de ce qu'il a inventé. Voyez néanmoins le Iᵉ Volume du *Tr. de la Cult. des Terr.* p. 293 & fuivantes ; où M. Duhamel préfente le tableau calculé d'une ferme que l'on feroit valoir fuivant les principes de M. Tull.

Comme l'adoption que l'on a faite parmi nous de cette méthode s'eft bornée pendant affez long-temps à de petits effais ; les progrès nombreux dont M. de la Salle fe plaint (*p.* 37) doivent probablement être attribués à la conviction des expériences.

Le célebre Wolf avoit observé anciennement que, dans de grandes
pieces de terres, les plantes font de
belles productions toutes les fois que
la semence y a été convenablement
enterrée, & qu'on l'y a répandue en
petite quantité. « D'où il conclud
» que les champs, les plus étendus doi-
» vent autant produire que les petits ;
» & qu'il est évident que toutes les
» fois qu'une expérience a été faite
» avec les précautions nécessaires,
» & qu'elle a pu réussir sur la dixiéme
» partie d'un terrein quelconque, elle
» doit réussir également sur deux di-
» xiémes, sur trois dixiémes, sur qua-
» tre dixiémes, &c, jusqu'à la con-
» currence de tout le terrein ». *Cult.
des Terres*, T. V, p. 432 & 433.

M. de la Salle propose un doute mo-
deste sur cette assertion : *Man. d'Agric.*
p. 196. Puis il décide (*p.* 515) « qu'on
» peut dire que l'exécution en grand,
» de la nouvelle méthode *n'est pas pra-
» ticable* ». Mais, suivant la coutume
où il est de se contredire dans cet ouvrage, il se contente de prononcer
ailleurs (*p.* 565), « qu'elle ne peut
» s'exécuter *que très - difficilement* en
» grand ».

Si j'ai nombre de faits authentiques à oppofer à M. de la Salle, fon
jugement & fon expérience fe trouvent bien en défaut : car c'eft un principe connu des écoliers même, que
l'expérience d'une chofe démontre
qu'elle étoit poffible : *Ab actu ad poffe,
valet confequentia.* Je commence par
le témoignage de M. de Châteauvieux, que M. de la Salle n'a ofé ré-
cufer dans aucun endroit du livre auquel je réponds.

« Je penfe que le fentiment de M.
» Wolf fera fuffifamment juftifié par
» une expérience de cinq années,
» dont je vais donner le détail » : dit
ce véridique & excellent Cultivateur,
dans le *Traité de la Culture des Terres,*
T. V, p. 433. Il remplit fon engage-
ment, depuis la *p.* 438. Puis il ajoute
(p. 444-5-6-7) : « S'il n'y a que l'ef-
» pérance d'un profit confidérable
» qui puiffe déterminer à adopter la
» nouvelle culture, nos calculs doi-
» vent emporter une entiere convic-
» tion ; puifque l'on voit que le mê-
» me champ a beaucoup plus produit
» de grains en cinq années & même
» en quatre, qu'il n'en avoit produit

» en ſeize. J'avoue que quand j'ai
» commencé à pratiquer la nouvelle
» culture , je n'eſpérois pas d'auſſi
» grands avantages : ils auroient pû
» néanmoins être encore plus grands,
» ſi je n'avois commis dans les pre-
» mieres années, des fautes qui ont
» beaucoup diminué les récoltes de
» 1752 & 1753 . . . . Seroit-on
» raiſonnable de prétendre à de plus
» grands avantages , que ceux que
» nous venons d'établir? Je penſe que
» tout homme ſenſé peut s'en conten-
» ter ; mais par quelle fatalité arrive-
» t-il qu'une infinité de perſonnes ne
» veulent pas les appercevoir, ou ne
» ſçavent pas les voir ? Je ſçai, par
» exemple, qu'à l'exception d'un cer-
» tain nombre de perſonnes qui ont
» étudié à fond la nouvelle Agricul-
» ture, ou qui l'ont pratiquée avec
» ſoin, on croit en général dans ce
» pays, que le champ de la préſente
» expérience m'a moins rapporté de
» grains qu'il n'auroit fait par l'ancien-
» ne culture : d'où vient cela ? Je le
» dirai avec franchiſe ; c'eſt que l'on
» décide avec trop de précipitation,
» qu'on n'examine pas aſſez, qu'on

» ne calcule point. . . . . Il se trou-
» vera des champs qui ne rendront
» pas autant que celui - ci : il faut s'y
» attendre ; cependant leurs rapports
» seront encore assez avantageux pour
» faire adjuger la préférence à la nou-
» velle culture ».

On voit ensuite , des calculs destinés à servir de démonstration.

En 1752, comme on le voit dans le
IIe Vol. du *Traité de la Cult. des Terres*
(p. 328), M. de Châteauvieux énonce
des résultats de récoltes qui l'éton-
noient, & qui augmenterent ses espérances sur la nouvelle culture. En conséquence, il ajoûte (*p.* 329) : « J'ai
» formé cette année de nouvelles
» planches sur une plus grande éten-
» due de champs. Les pluies trop
» fréquentes ne m'ont permis de
» pouvoir établir selon la nouvelle
» méthode, qu'environ *vingt-cinq ar-*
» *pents* ; mais j'ai fait semer tout le
» surplus de mes terres avec le Se-
» moir ».

Il dit encore dans le IIIe Volume
(*p.* 164 & 165) : « Nous avons envi-
» ron *cent vingt arpents* semés en plan-
» ches , & plus de 850 semés en plein.
» Des expériences aussi grandes , &

» faites sur des *terreins de différentes qua-*
» *lités*, répandront immanquablement
» de nouvelles lumieres; les faits en
» feront mieux constatés ; & l'on aura
» lieu d'être pleinement convaincu
» que la beauté des productions sera
» dûe à la nouvelle culture , & non
» pas à des *circonstances favorables*, aux-
» quelles on est porté à les attribuer.
» On s'efforce de dire que les épreuves
» ont été faites sur des terreins d'une
» bonté parfaite ; qu'il est plus facile
» de préparer beaucoup mieux 100
» ou 200 toises de terrein , qu'on ne
» pourroit faire une étendue de plu-
» sieurs arpents ; qu'on aura cultivé
» ces petits champs avec de grands
» soins ; qu'il est presque impossible
» de donner la même attention à de
» vastes campagnes. Il est donc heu-
» reux que plusieurs Amateurs d'A-
» griculture fassent des expériences en
» grand : elles prouvent déjà qu'on
» peut pratiquer avec facilité la nou-
» velle culture dans de grands do-
» maines ».

Quand M. de Châteauvieux auroit
lu dans l'avenir, il n'auroit pas mieux
prévenu l'objection que M. de la Salle
devoit faire en 1764 dans son *Manuel*

d'Agriculture (p. 529 & 531). Mais il paroît inconcevable que cet Auteur ait renouvellé des objections preſſenties & réfutées dix ans auparavant dans un ouvrage, dont il fait une longue cenſure, & que par conſéquent, on doit ſuppoſer qu'il a lu avec ſoin. Nous aurons encore pluſieurs fois occaſion de relever de pareilles irrégularités dans l'ouvrage de M. de la Salle : ainſi que nous l'avons fait ci-devant, *pp.* 50, 65 & ſuiv. 72, &c. 86 & juſqu'à la fin du 2ᵉ § : puis, p. 114, 151, &c. & 186.

Paſſons à d'autres faits : car des expériences répétées en différents lieux, & qui ont les mêmes ſuccès, ſe ſervent réciproquement de preuves, & emportent conviction.

Dans le IIIᵉ Volume du *Traité de la Culture des Terres.* (p. 123) on voit qu'un particulier, encouragé par le ſuccès de ſes propres expériences, ſe propoſoit de pratiquer en grand la nouvelle culture ; qu'il avoit commencé par enſemencer ainſi huit arpents ; & qu'il continueroit à augmenter de dix arpents cette quantité tous les ans, juſqu'à ce que toutes les terres de son domaine fussent établies de la sorte. *Pages* 117 & 121, une autre personne qui avoit adopté par principes la nouvelle culture, sema d'abord en planches *vingt-trois arpents,* & y en ajouta ensuite *vingt*, cultivés de même.

M. Duhamel, en témoignant ses regrets sur la mort de M. Diancourt, avertit (Tome V , *p.* 8) que sans cet accident on auroit vû l'année suivante *une ferme entiere* cultivée selon les principes de la nouvelle culture ; M. Diancourt ayant déjà disposé à cet effet tous ses travaux. Dans la Préface du même Volume (*p.* xvij), M. Duhamel parle des épreuves faites en grand par M. d'Ogilvy. On voit, dans la *page* 85 , deux pieces de l'étendue de *vingt arpents*, ensemencées suivant les principes de M. Tull ; *dix arpents,* dans la page 96.

« Si plusieurs Cultivateurs se plai- » gnent de la nouvelle culture » (dit M. Eyma, dans le VIe Volume du *Tr. de la Cult. des Terr.* p. 71) ; « j'en attri- » buerai la cause à ce qu'ils la prati- » quent mal. Je suis si persuadé de la » vérité des principes de cette culture

» culture, que je me propose de l'ap-
» pliquer l'année prochaine à toutes
» mes terres ». *Voyez* encore les pages 72 & 73.

M. d'Elbene qui avoit fait de
ses vassaux autant d'émules, en par-
tageant avec eux l'exploitation de ses
terres, augmentoit tous les ans la
quantité de terrein sur laquelle il exécutoit la nouvelle culture. Il avoit semé de la sorte en 1759, environ
soixante & quinze arpents. Culture des
Terres, T. VI, p. 131.

Voici ce que M. de Beelinski, Grand
Maréchal de Pologne, manda de Var-
sovie à M. Duhamel : « Des épreuves
» faites sous un *climat différent* du vô-
» tre, & suivies de quelques succès,
» malgré les difficultés qui se sont pré-
» sentées tant de la part des ouvriers
» que de celle de mes laboureurs,
» beaucoup moins industrieux que les
» vôtres, ne peuvent manquer de don-
» ner à la nouvelle méthode un nou-
» veau degré de certitude, & de con-
» vaincre les plus opiniâtres que *les*
» *pratiques les plus suivies ne sont pas tou-*
» *jours les meilleures* ». Cult. des Terres,
T. V, p. 120.

K

Ajoûtons ici un endroit de la page 498 du Ve Volume, où M. de Châteauvieux fait observer que, « s'il y » a quelque moyen de perſuader aux » laboureurs que *la nouvelle méthode* » *s'accorde avec les meilleurs principes d'A-* » *griculture* ; c'eſt par des faits & par » des épreuves réitérées pendant plu- » ſieurs années, dont les ſuccès ſe » ſont ſoutenus en tant de lieux diffé- » rents ».

Il étoit néceſſaire d'articuler ces faits, pour combattre efficacement le préjugé que pouvoit former l'aſſurance avec laquelle M. de la Salle dit, (*p.* 529, 530-1, 556-7) que ſi on excepte » M. de Châteauvieux, il n'y a point » d'Amateurs ou de Propriétaires, qui » après leurs épreuves & leurs expé- » riences en petit (ſur 3 ou 4 arpents, » ou environ), nonobſtant les petits » ſuccès qu'elles ont pu avoir vis-à- » vis les routines de quelques fermiers » voiſins, ait été tenté d'aller plus » loin, & d'adopter la nouvelle mé- » thode, pour s'en ſervir à faire valoir » tout leur corps de ferme, ou tout » leur domaine » . . . . Voilà, (ajoute cet Auteur) « pourquoi tou-

» tes les expériences qui ſont rappor-
» tées dans cette nouvelle méthode
» ne ſignifient rien. Elles ſont même
» d'autant plus contre M. Tull, que
» ne la propoſant que pour être ſubſti-
» tuée à l'ancienne ; c'étoit des corps
» de ferme entiers qu'il falloit donner
» pour expériences , & des corps de
» ferme ſitués ſur toutes ſortes de ter-
» reins , bons , médiocres, mauvais ,
» reconnus & annoncés comme tels :
» c'étoit le vrai moyen de la faire triom-
» pher ; au lieu que , ne rapportant
» que des expériences en petit , qui
» n'ont été exécutées que ſur les meil-
» leurs terreins , il donne lieu d'en
» conclure avec raiſon , que ſa nou-
» velle méthode ne peut s'exécuter
» qu'en petit, & qu'elle ne peut réuſ-
» ſir ſur les terreins médiocres ».

Pour toute réponſe , je me réfere
à la mention expreſſe que l'on a vue
ci-deſſus, de terreins aſſez conſidéra-
bles , de domaines étendus , de corps
entiers de fermes , exploités ſuivant
la méthode de M. Tull , avec connoiſ-
ſance de cauſe, & à raiſon des ſuccès
obtenus en petit. J'ai cité exactement
les volumes & les pages où ces preu-

ves sont déposées. En consultant les grandes expériences de MM. de Châteauvieux & d'Elbene, on verra qu'il y est souvent dit que les terres cultivées de la sorte, étoient de qualités très-différentes, & que les succès ont généralement répondu à la qualité des labours répétés à propos. Consultez encore ce que nous avons rapporté ci-dessus, *p.* 185-6, 202-3-4-6-7-8, au sujet des semailles faites en plein avec le Semoir.

Après tout, M. Duhamel n'a jamais prétendu que la façon de semer par rangées, ni l'usage du Semoir, puissent convenir dans toutes sortes de terrein; & il suffit d'avoir bien établi qu'on peut les pratiquer dans quantité de terreins de natures très-différentes.

§ X.

La Culture suivant les Principes de M. Tull n'est donc pas une idée de Cabinet.

M. de la Salle, fier d'avoir commencé il y a environ trente ans à veiller sur la culture de ses champs, a grand soin de vanter ses opérations & ses livres, & de les donner pour des chef-d'œuvres, des entreprifes uniques, des actes de grande fageffe, & d'une expérience confommée : *Manuel d'Agriculture*, p. xvij, 25, 26, 37-8, 64-5-6, 121-2, 438, 476, 484-7, 558, 563 & 564. Nous en avons encore cité quelques traits, ci-deffus, *pp.* 39, 61-2-3, 72-3-5, 97-9, 100, 125-6, 130-175.

Malgré l'indécence que l'on commet en faifant en public fon propre éloge avec une affectation fi caractérifée, & en revenant toujours à la charge pour inculquer les mêmes chofes, on pourroit abfolument excufer cet Auteur, comme un homme qui fouhaite que l'on fçache qu'il a vieilli dans les travaux : *Senex, laudator temporis acti.* Mais comment paffer fous filence le ton d'infulte qu'il a fouvent pris contre M. Duhamel, & contre les autres Cultivateurs, qui ont récemment écrit fur l'Agriculture ? Je demande la permiffion de citer quelques-unes de ces phrafes, pleines d'affectation : leur expofé conduira à difcuter la propofition qui fait le principal objet de cet article.

Pages 75 & 76 du *Manuel*, on lit

qu'il « faut n'avoir pas la moindre
» teinture pratique de l'Agriculture,
» qu'il faut même ignorer jusqu'à ses
» premiers principes, pour ne pas
» sçavoir que c'est principalement
» l'expérience qui apprend à bien ajus-
» ter & proportionner les opérations
» de l'Agriculture à toutes les sortes
» de qualités de terres qui se rencon-
» trent ; &c, &c ». On a vû ci-dessus
(*p.* 86, &c. 125) que cette ignorance
& ce défaut d'expérience ont été injus-
tement imputées par l'Auteur à M. Duhamel, qui, dans tous ses ouvrages
ne s'abandonne jamais à aucun raisonnement, à aucun système ; qui va
toujours l'expérience à la main ; dont
les ouvrages ne sont qu'un tissu d'expériences & d'observations faites ou
par lui-même ou par ses correspondants.

Page 80 : « Cette leçon » , dit M.
de la Salle, « ne laissera pas que de
» surprendre un peu nos Agriculteurs
» & nos Ecrivains modernes ».

Page 96 : « Les grands Physiciens,
» qui traitent de l'Agriculture, se ser-
» vent du terme de *Molécules*, pour
» exprimer les petits grains de terre ».

[Au reste l'Auteur peut avoir raison

de dire que les Payfans n'entendroient pas ce terme. Je ne trouve blâmable que le tour de la phrafe. Le *Traité de la Culture des Terres* n'a pas été compofé pour des Payfans groffiers, mais pour des Propriétaires & des gens que l'éducation met à portée d'entendre le terme de *Molécules* : Voyez le §. 1.] De plus, ce terme n'eft ni barbare ni hors d'ufage : & M. Duhamel en a fuffifamment donné l'explication. On pourroit encore citer des Fermiers qui ont acheté, lu & entendu, les ouvrages de M. Duhamel, dont ils font plus de cas que M. de la Salle.

Semblable à ces animaux qui , après avoir exercé leur férocité, viennent bientôt enfuite faire des démonftrations de bienveillance, comme fi leurs careffes devoient ôter fubitement l'impreffion fanglante qu'ils ont laiffée ; M. de la Salle termine fon ouvrage par des compliments à M. Duhamel : *pp.* 568 & 569.

Il a encore porté d'autres coups moins forts, mais toujours avec très-peu d'égards. Telles font les phrafes fuivantes. « Si l'Apologifte de M.

K iv

» Tull avoit fait attention à la grande
» importance d'obſerver la poſition
» de notre Agriculture, il ne ſe feroit
» aſſurément pas donné la peine de
» publier & d'annoncer ſa nouvelle
» méthode, qui ne peut plaire qu'à
» quelques Amateurs ſans expérien-
» ce ». *p.* 4 & 5. « Toutes les nou-
» velles méthodes ne travaillent qu'à
» décrier & détruire nos pratiques lo-
» cales . . . . Il ne faut pas s'éton-
» ner que les auteurs de ces nouvelles
» méthodes ſe ſoient égarés juſqu'à
» ce point ; puiſque pour bien con-
» noître les pratiques locales, il faut
» avoir pratiqué long-temps » : *p.* 36
& 37. Ailleurs il dit que M. Duhamel & les autres n'ont pas pratiqué l'A-
griculture aſſez long-temps, pour pouvoir en bien parler : *p.* xvij. M. *de Châ-*
teauvieux n'eſt-il donc devenu Cultivateur que depuis ſes eſſais de la nouvelle culture ? En tout cas cela feroit
beaucoup d'honneur à ſes talens ;
puiſqu'on voit que dès 1752 il poſſé-
doit ſupérieurement les Connoiſſances & l'Art de l'Agriculture.

Pour ce qui eſt de M. *Duhamel* ; on
peut dire en toute aſſurance que ſes

travaux de culture font d'une date au moins auffi ancienne que ceux de M. de la Salle, qui répete fouvent qu'il a cultivé pendant trente années. La réputation de M. Duhamel étoit fi bien établie fur cet article, en 1748, que M. le Chancelier Daguesseau defira pour lors de fçavoir fon fentiment fur une traduction manufcrite que l'on venoit de faire de l'ouvrage de M. Tull. C'étoit une chofe connue, que ce Naturalifte prenoit intérêt à tout ce qui peut être avantageux à l'Agriculture. Son travail fur le Syftême de l'Auteur Anglois, confirma de nouveau la perfuafion du Public. En Maître habile, M. Duhamel fe remplit des idées & des vues de M. Tull ; y mit un ordre convenable; puis, *détaillant les méthodes ufitées* pour cultiver les terres, quand ces notions pouvoient faire appercevoir les avantages de la nouvelle culture; & ajoûtant *fes propres expériences*, tantôt pour confirmer le fentiment de M. Tull, tantôt pour avertir d'être en garde contre quelques principes que cet Auteur n'avoit pas fuffifamment conftatés ; enfin, fans le fuivre fervilement, M.

K v

Duhamel rendit l'esprit du Syftême fous une forme toute différente : ce que les Anglois même n'avoient pas compris, devint ainfi intelligible pour eux comme pour nous ; & le Génie de l'Agriculture faifit ce livre pour s'en fervir comme d'une lumiere propre à exciter & guider beaucoup de bons Cultivateurs, dans nos Provinces & dans les Etats voifins. L'ordre du difcours conduit M. Duhamel à dire, fans affectation, (*Traité de la Culture des Terres*, T. I, p. xl) qu'il avoit fait anciennement des expériences fur les moyens d'empêcher le bled de devenir noir & charbonné : il ajoute qu'il *en faifoit actuellement* de nouvelles, à ce fujet. D'ailleurs, les *Obfervations Botanico - Météorologiques*, dépofées annuellement depuis 1740 dans les Mémoires de l'Académie Royale des Sciences, font une preuve démonftrative que M. Duhamel s'eft occupé des effets que la température ou l'intempérie des faifons produifoient journellement fur les végétaux. Son *Traité des Arbres & Arbuftes* qui peuvent fe cul-'tiver en pleine terre dans notre climat ; ouvrage qui a fait naître dans toutes les provinces du Royaume, le gout de cette espece de Culture utile, ainſi que ſon *Traité des Semis & Plantations* ; annoncent un ancien Cultivateur, que le goût & l'intelligence ont habilement dirigé vers les ſuccès en grand. Ce dernier Ouvrage eſt d'une utilité très-reconnue : & il avoit engagé M. Duhamel à faire un nombre prodigieux d'expériences fort couteuſes. La *Phyſique des Arbres*, & le *Traité de l'Exploitation des Bois*, écrits lumineux, bien capables d'illuſtrer le nom de ce Sçavant, & dans leſquels on voit qu'il a ſacrifié au bien public une partie conſidérable de ſa fortune, pour ne rien avancer que d'après des expériences bien faites ; tous ces ouvrages, dis-je, offrent une étonnante combinaiſon d'expériences & de réflexions faites pendant nombre d'années, dans la vûe de porter à un degré éminent la culture importante des arbres.

MAIS, dans la *page* 530, M. de la Salle fait une objection impoſante, ſur laquelle je crois devoir inſiſter, parce que je l'ai entendu faire par d'au-

K vj

tres perfonnes. La voici. « Que doit-
» on penfer de M. Duhamel lui - mê-
» me , qui, tout Apologifte qu'il eft
» de M. Tull, n'a point exécuté la
» nouvelle culture dans une de fes
» terres, comme l'a fait M. de Châ-
» teauvieux? On voit feulement dans
» fes Ouvrages fon fermier travailler
» de la forte un canton ; où même il
» exécute la nouvelle culture très-
» mal , & avec répugnance ».

M. de la Salle a vifiblement fait
ufage, pour cette objection, d'un endroit du *Traité de la Culture des Terres*,
où M. Duhamel rapporte (T. II, p.
8 & 9) qu'étant allé au printems vifi-
ter les rangées d'un champ d'expérience , « il fit féverement arracher tous
» les pieds de froment qui étoient
» plus près les uns des autres que de
» 4 , 5 , à 6 pouces ». M. Duhamel
ajoute : « On imagine bien que ce
» vigneron ne fe prêtoit qu'à regret à
» ce retranchement ». Néanmoins il
fe rendit, & laboura les plates-bandes. Sa répugnance ne tombe pas fur
les labours, ni fur la façon de femer ;
deux articles qui caractérifent effen-
tiellement la méthode de M. Tull ;

il ne regrettoit que d'arracher des pieds de froment ; car le grain & le champ lui appartenoient : M. Duhamel l'avoit déterminé à exécuter l'expérience, en promettant de le dédommager fi le fuccès ne répondoit pas à fon attente. Je ne vois point que cet homme *exécute mal* aucune opération. Au contraire, M. Duhamel dit (*p. 5*) qu'il *trouvoit beaucoup de facilité* à faire exécuter fes expériences. Bien plus, on voit (*p.* 42) que le propriétaire, fatisfait de la nouvelle culture par la récolte de 1750, enfemença de même l'autre partie de fon champ, au printems de 1751, en bled de Mars ; afin d'y mettre du froment d'hiver au mois d'Octobre, auffi par rangées : & (*p.* 55) que le même particulier, encouragé par le fuccès des épreuves qu'il avoit faites, étendit cette culture à une autre piece de terre. En 1752, il continua de mettre en froment, fans la fumer, la terre fur laquelle il en avoit déjà recueilli en 1750 & 1751 : *p.* 232. Il eft vrai que pour cette fois feulement, la terre fut mal travaillée ; & divers accidents préjudicierent encore à la récolte.

C'eft par prudence que M. Duhamel n'a fait d'abord exécuter fous fes
yeux, qu'en petit, la méthode de M.
Tull : il le dit expreffément (T. II,
p. 2) : « J'ai cru qu'il falloit travailler
» en petit, pour s'affurer des avanta-
» ges de cette nouvelle culture, avant
» de fe pourvoir des inftruments né-
» ceffaires pour l'exécuter en grand,
» qui font affez chers & qui ne feroient
» d'aucun ufage fi la nouvelle culture
» des terres n'étoit pas auffi avanta-
» geufe que la théorie fembloit le
» promettre ».

Mais, dès en commençant la publi-
cation de ce *Traité*, il prévint (T. I,
p. lj) qu'en « engageant les autres
» à faire l'epreuve de la culture de
» M. Tull, il ne prétendoit pas s'en
» difpenfer ; & qu'il avoit déjà fait
» des préparatifs pour l'exécuter en
» grand ». Auffi voit-on dans le IVᵉ
Volume (*p.* 2), plufieurs arpents de
la feigneurie de Denainvilliers, traités fuivant la nouvelle culture, & enfemencés, partie en froment ordinaire, partie en bled de Smyrne. Les
mêmes champs furent toujours cultivés fuivant les nouveaux principes,

depuis 1749 jusqu'en 1756 : on y ajouta pour lors de nouvelles terres, où cette culture fut exécutée avec succès sur de gros navets, des carottes, des beteraves, des salsifix, du bled de Turquie, des choux, de la luzerne ; T. V, p. 1, 2, 3, 4.

Si le but de M. Duhamel avoit été de tirer du profit de ses expériences, il auroit dû sans doute quitter Paris & toutes ses autres occupations, renvoyer un de ses fermiers, & se livrer à faire exploiter cette partie de ses biens, suivant les Méthodes qu'il jugeoit les plus avantageuses ; au lieu que n'ayant point pour but son avantage particulier, mais uniquement le bien public, il s'est proposé de faire des expériences sur toutes les branches d'agriculture : sur les labours, sur les engrais, sur les prairies naturelles & artificielles ; sur la culture de différents végétaux, la conservation des grains, l'établissement & le rétablissement des bois, leur exploitation, &c. Pour remplir ces vastes projets, il s'est restreint à les suivre les uns après les autres : de sorte qu'après avoir pratiqué la culture de M. Tull sur une piece de

terre pendant douze ou quinze années , quand il s'eft vû en état d'en
connoître les avantages & les incon-
véniens , il l'a abandonnée pour fuivre d'autres recherches ; quoiqu'il
cultive encore des luzernes fuivant
cette méthode.

C'eft beaucoup que M. Duhamel ait
réuffi comme il a fait, ne pouvant pas
être préfent aux diverfes opérations
relatives au froment. Car en général
ceux qui font obligés de s'en rapporter à leurs fermiers ou à des domefti-
ques pour des travaux de cette nature,
n'obtiennent pas des fuccès proportionnés à ceux des propriétaires qui
font préparer, labourer, femer, &c,
fous leurs yeux. Comment donc M.
Duhamel auroit-il pû rifquer l'exploitation d'une ferme entiere, devant
vacquer à fon état d'Académicien de
Paris, à fa place d'Infpecteur Général
de la Marine, & à tant de travaux
qu'il a faits fur différentes matieres ?
Ces circonftances ont forcé plus
réellement M. Duhamel à ne pas étendre davantage dans fes terres la nouvelle culture, que le féjour de Paris
n'étoit un obftacle pour M. de la Sal-

le, à composer une Dissertation qui dût concourir au Prix de Bordeaux avec celle de M. Tillet. Il a bien voulu nous dire dans son *Manuel d'Agriculture* (*p.* 340, 341 & 342) qu'il fut alors entiérement occupé à solliciter « l'exécution des projets qu'il avoit » seul imaginés & dressés, pour obte- » nir en faveur de sa Patrie, qui est la » ville du Sacre de nos Rois, l'hon- » neur d'y ériger le monument de Sa » Majesté ». Si ses négociations au-près des Ministres, & son traité avec M. Pigal, suffirent pour le distraire tout-à-fait d'un ouvrage auquel il pou-voit vaquer seul dans son cabinet ; à plus forte raison doit-il à M. Duha-mel, la justice de convenir que cet Académicien *ne pouvant être en même temps aux champs & à la ville*, a tou-jours été pleinement dispensé, & mê-me dans l'impossibilité, de donner dans toute l'etendue de ses domaines, l'exemple de pratiquer en grand la méthode de M. Tull, comme l'a fait M. de Châteauvieux, dans certaines métairies, assez voisines de Genêve pour qu'il pût en diriger lui-même tous les travaux. Voyez le *Traité de la*

Culture des Terres , T. III , p. 161.

Heureusement M. Duhamel dans sa jeunesse , avant d'être livré à tant d'occupations, avoit pris un bon fonds de connoissances ; & les Terres de MM. Duhamel de Denainvilliers & du Monceau, n'étant qu'à 20 lieues de Paris , **M.** Duhamel du Monceau a pu y faire fréquemment de petits voyages , & commencer des expériences sur lesquelles **M.** de Denainvilliers a bien voulu veiller, de sorte qu'elles n'ont jamais été abandonnées à ceux que **M.** du Monceau avoit chargés de les suivre.

L'objection de M. de la Salle ne subsistant plus ; & ayant été démontré par des faits & par de bonnes raisons , que la nouvelle culture est pratiquable en grand : il est facile de détruire l'assertion que M. de la Salle fondoit sur cette fausse impossibilité , & sur la prétendue inaction de **M.** Duhamel. Voici sa phrase : « Que con- » clure de tout ce qu'on vient de dire » de cette nouvelle méthode ? Ce » qu'en ont pensé les bons Cultiva- » teurs, c'est-à-dire, ceux qui sçavent » ce que c'est que l'Agriculture , &

» qui l'ont pratiquée ; *qu'elle n'est qu'une*
» *idée de cabinet & rien plus* , qui ne
» peut s'exécuter que sur les meilleurs
» terreins , & qui ne peut s'y exécuter
» qu'en petit , & très-difficilement en
» grand ». *Page* 565.

Nous avons indiqué ci-dessus (*p.*
184-5-6 , 205 , 211-2-3-4-5-6-
7-8) des expériences , même en
grand, qui ont réussi ; non pas seulement sur les meilleurs terreins , comme l'avance M. de la Salle ; mais sur
des terres de différentes qualités. Voici une surabondance de preuves. M.
de Châteauvieux , qui n'est pas sus-
pect à M. de la Salle , rapporte qu'un
champ dont la terre étoit *d'une qualité*
très-médiocre, bien labouré , puis semé
en plein avec le semoir , rendit plus
de onze fois la semence : *Traité de*
la Culture des Terres T. IV , p. 334
& 335. Un autre champ, *d'une qualité*
plutôt inférieure qu'égale à celle du pré-
cédent , rendit à-peu-près de même :
T. IV *p.* 335 & 336. Sur quoi M. de
Châteauvieux dit (*p.* 336 & 337) :
« Me voilà parvenu à pouvoir, dès la
» premiere année , obtenir *par la nou-*
» *velle culture*, de meilleures récoltes

» que celles que j'avois faites jusqu'a-
» lors . . . . On voit que , par
» toutes mes observations , je me suis
» convaincu de l'importance qu'il y
» a de bien travailler les terres ; & je
» ne sçaurois trop le recommander.
» Les bons effets en ont été sensibles
» dans toutes mes terres : je les ai en-
» core mieux reconnus dans celles
» des deux champs susdits. Car , quoi-
» que leur terre soit peu fertile , ils
» ont néanmoins produit des plantes
» semblables à celles de nos meilleurs
» fonds ».

Comme M. de la Salle avoit expres-
sément dit que la nouvelle culture
étoit redevable des succès qu'elle
avoit eus entre les mains de M. de
Châteauvieux , à la qualité supérieure
des terres où il l'avoit pratiquée; ce
qu'on vient d'entendre de ce Cultivateur même , me dispense de grossir
cet article par d'autres faits ni d'autres remarques.

§ XI.

Difficultés que présente M. de la Salle, relativement à l'exécution de la Culture en Planches, & avec le Semoir.

I. « CETTE culture ne peut s'exé-
» cuter que très - difficilement en
» grand ; encore faut-il *que le terrein*
» *soit isolé de toutes parts* » : dit M. de
la Salle (*Man. d'Agric.* p. 565). Arrêtons - nous actuellement à cette
circonstance de terres isolées qui
formeroient le contenu d'une Métairie.

Nous convenons que l'on se trouve
gêné dans une exploitation conforme
aux principes de M. Tull , quand les
terres sont enclavées ou contiguës
avec d'autres où l'on suit la pratique
ordinaire. M. Duhamel l'a dit avant
nous , dans le *Tr. de la Cult. des Terr.*
T. VI , *p.* 59 ; observant qu'alors
on manque de place pour tourner
en faisant les cultures subsidiaires , &
même pour aller les exécuter. On y
voit encore (*p.* 90) que M. d'Armolis,

gêné par cette circonstance, avoit pris le parti de se borner à rectifier l'ancienne culture, d'après les principes de la nouvelle, soit en employant un Semoir, soit en approfondissant & multipliant les labours. Dans la *p.* 497, M. Thomé dit aussi qu'il a abandonné « la méthode de semer par plan-» ches & plates - bandes, quoiqu'il » l'ait reconnue très - avantageuse ; » par la raison que tous ses champs » font répandus par petits lots, & sé-» parés les uns des autres ; & qu'il lui » auroit été impossible d'y donner les » cultures nécessaires, sans *endomma-» ger les terres voisines*, ou sans *perdre* » *une partie considérable de son terrein*». Mais ce Cultivateur, de même que tant d'autres dont nous avons fait mention, s'est servi de Semoir avec succès.

Si l'on veut prendre la peine de comparer ces extraits de l'ouvrage de M. Duhamel, avec les pages 260-1, 520-1-2-3, du *Manuel d'Agriculture* ; on reconnoîtra évidemment que M. de la Salle n'a fait que circonstancier davantage des inconvénients dont le Public étoit déja instruit, au moins depuis 1761.

Cet Auteur pouffe la conféquence jufqu'à dire (*p. 523-4*) » que n'y ayant » prefque point de fituation de corps » de ferme réuni, qui feroit ifolé, à » l'écart, & fans avoir des royés, des » tenants, & des aboutiffants ; il s'en- » fuit que de quelque côté qu'on fe » retourne, il n'y a que des difficul- » tés, des inconvénients, & même de » l'impoffibilité, dans l'exécution de » la nouvelle méthode, pour pouvoir » la travailler en grand ». Ce raifon- nement eft fpécieux ; & on peut lui appliquer l'axiome connu : *Qui prouve trop, ne prouve rien.* Beaucoup de terres aboutiffent fur des chemins, fur des pâtis, fur des jachères ; & alors l'in- convénient n'exifte pas, ou n'exifte qu'en partie. Les terres d'un vafte corps de ferme y font encore moins expofées que d'autres : & s'il y a quel- que exploitation que l'on puiffe dire devoir être traitée en grand, c'eft fans doute celles de ce genre : auquel cas l'objection de M. de la Salle tombe d'elle-même. Or nous avons des pro- vinces & des cantons très-fertiles en bled, tels que la Beauffe, une partie de la Brie, la Normandie, le Soif- fonnois ; où la contenance de la plûpart des fermes est très-étendue. D'ailleurs on est toujours en droit de dire que le grand nombre d'arpents qui ont été cultivés avec succès pendant plusieurs années consécutives suivant la méthode de M. Tull , ou avec les Semoirs, ainsi que nous les avons rappellés dans les §. 8 & 9 , avoient sans doute des tenants, aboutissants, &c. Ces obstacles n'ont pas arrêté : ils ne font donc point insurmontables. **M.** de Châteauvieux , empêché par les pluies de 1752 , d'établir la nouvelle culture sur plus de 25 arpents , ensemença en plein avec le Semoir *tout le surplus de ses terres* ; (*Tr. de la Cult. des Terr.* T. II , p. 329). Il faisoit apparemment tourner la charrue sur lui-même , dans les labours d'été , & ne tenoit point compte de ce préjudice indispensable , parce qu'il sçavoit que la récolte l'en dédommageroit amplement.

C'est ainsi que , dans d'autres circonstances d'Agriculture , on sacrifie une perte plus ou moins considérable , à un bénéfice qui lui est supérieur. Par exemple , M. de la Salle (*Man. d'Agric.* p. 214 & 215) proposant de

diviser

diviser en quatre soles, les terres d'une ferme, convient que l'on cultivera alors moins de froment que par la division en trois soles. « Mais, ajoute-t-il, on pourroit en être bien dé-dommagé par les plantes qu'on se procureroit au moyen de l'établisse-ment de la 4e sole en prairies arti-ficielles ». La sole qu'on laisse en jachère est encore dans le cas de ces pertes auxquelles on consent, à raison de l'avantage qu'elles procurent : M. de la Salle s'est appliqué à rendre cela sensible, dans la *p.* 274. Il étoit donc d'un bon Cultivateur, tel que **M.** de Châteauvieux, de sçavoir faire la compensation du terrein qu'il empê-choit de produire, & d'une plus grande étendue de terre à laquelle il com-muniquoit par les labours un puissant principe de fécondité.

Nous avouons qu'il est comme im-possible aujourd'hui de faire à bras tous les labours d'une grande exploi-tation. Ce n'est que pour de petits lots que l'on peut sauver ainsi l'incon-vénient des terres enclavées ou limi-trophes. Consultez le *Tr. de la Cult. des Terr.* T. **II**, p. *337-9;* & T. V, p. 86.   L

SECONDE DIFFICULTÉ ; par rapport aux *Labours subsidiaires.* « Peut-
» on concevoir (dit M. de la Salle,
p. 525) « qu'on parviendra à faire
» labourer nos fermiers & nos labou-
» reurs dans des plate-bandes qui
» laissent si peu de terrein ? Le travail
» des laboureurs devient alors excef-
» sif, & demande des attentions dont
» ne sont pas capables des gens de
» campagne, qui gâteront les rayons
» de froment en labourant les entre-
» deux ».

Ce ne sont-là que des doutes, des
difficultés idéales, des opérations du
Cabinet de notre Auteur. Opposons-
leur des faits constants, des témoignages non équivoques, des choses
de pratique ; & qui plus est, des *Pra-*
tiques Locales : nom imposant pour M.
de la Salle, qui en a fait comme son
Cri de Guerre.

Je conviens que l'on éprouve de
grandes difficultés lorsqu'il s'agit de
plier des laboureurs à de nouveaux
usages ; la plûpart étant arrêtés par
les moindres choses, parce qu'ils ne
font aucun effort, ou qu'ils ne sçavent pas lever les obstacles. De-là

vient que tel cultivateur fe fert fans
peine des nouveaux inftruments, &
parvient à bien faire toutes les cultures indiquées par M. Tull ; & que
beaucoup d'autres ne les exécutent
point même paffablement. Il n'eft
pas rare de trouver le payfan , laiffé
à lui-même , agir tout autrement pour
ces cultures , qu'on ne lui avoit prefcrit. Voilà pourquoi M. Duhamel a
toujours recommandé de n'entreprendre d'abord la nouvelle culture que fur
12 , 15 , 20 arpents ; les ouvriers ne
s'habituant qu'avec peine à ces opérations , enforte que l'on ne réuffiroit
pas la premiere fois à faire à propos
toutes les cultures dans une exploitation confidérable. *Cult. des Terr*. T. V,
p. xvij ; & T. VI, p. 59.

Mais de ce que le plus grand nombre des laboureurs ne s'accoutume
que difficilement à nos pratiques , on
ne peut en conclure que ces difficultés foient invincibles. M. de Garfault
faifoit exécuter fes expériences de
nouvelle culture , dont il eft fait mention dans le 6e Volume du *Tr. de la
Cult. des Terres*, par un ancien domef-
tique qui étoit mal-adroit pour tout

autre ſervice ; & j'ai vû ce même homme s'acquitter avec intelligence, des opérations de ſemer & cultiver avec les nouveaux inſtruments de M. de la Levrie. Dans le même Volume (*p.* 66) M. Duhamel parle encore d'un Métayer Avignonois qui « exé-» cutoit parfaitement les labours, ſans » rien endommager, avec une char-» rue à une roüe ». Tant d'Amateurs, dont les ſuccès ſont rappellés dans les Volumes de M. Duhamel, avoient ſans doute auſſi des ouvriers capables de bien pratiquer ce que M. de la Salle dit être au-deſſus de leur portée

Tout ce qui eſt attention & préci-ſion diſtingue le bon travailleur dans ce qui eſt art, ou même ſcience. Un excellent Semeur eſt auſſi rare que pourra l'être un Laboureur capable de ne jamais rien endommager en labou-rant entre les rangées de froment : & on ne laiſſe pas de tirer partie des ſemeurs moins habiles. Un Proprié-taire actif & intelligent, qui préſidera avec aſſiduité aux travaux, formera peu-à-peu ſes ouvriers. M. de Châ-teauvieux aſſure (*Traité de la Cult. des Terr.* T. IV, p. 283), que ſi on eſt conftant à obferver pendant 3 ou 4 années de fuite tout ce que prefcrit la nouvelle culture, « on parviendra » certainement à bien exécuter les » travaux ; les terres feront alors très- » ameublies , très-divifées. « J'AI en- » core mieux connu cette année, dit-il (en 1754 , p. 532) « toute la » *facilité* avec laquelle on cultive les » terres par la nouvelle culture. Je » n'en ai plus fait travailler fuivant » notre ancienne méthode , dans la » métairie où je féjourne quelquefois. » Les foins les plus pénibles que j'a- » vois à prendre , font maintenant » paffés». M. d'ELBENE dit auffi, dans le VIe Volume (p. 134) : « Ma cul- » ture fe perfectionne en la pratiquant ; » *les valets fe dreffent*, leur répugnan- » ce diminue ». Confultez encore les *pages* 284 & fuivantes du 4e Volume ; puis les *pages 303 & 304* ; où M. de Châteauvieux dit que « toute per- » fonne éclairée par le raifonnement » réuffira indubitablement dans la pra- » tique ; ainfi la pratique d'un feul , » n'ayant plus qu'à être imitée par les » autres, rendroit en peu de temps » général l'ufage de la Nouvelle Cul-

» ture ». Citant enfuite fes propres expériences , il rapporte (*p.* 342) qu'un laboureur adroit & attentif à fon travail donna fous fes ordres une culture à du bled dont les tuyaux étoient inclinés & à demi-verfés , *fans détruire ni gâter aucun épi.* De-là vient qu'il déclare (T. IV , p. 338) que les cultures , ainfi que les labours, peuvent fe faire *avec autant de facilité que d'économie.* « Le 5e & le 6e la-
» bours fe faifant avec tant de faci-
» lité & en beaucoup moins de temps
» que les labours ordinaires, le der-
» nier fur-tout qu'on fera affez ordi-
» nairement avec un feul cheval attelé
» à la charrue ; tout cela doit faire
» comprendre que je ne propofe point
» des travaux trop difficiles ni trop
» difpendieux à pratiquer » : dit cet habile Maître (T. IV , p. 331). Voyez encore le IIIe Volume *p.* lviij, 6 , 73.

Après tout , la conduite d'un culti-vateur ou d'une charrue entre les ran-gées de froment, a-t-elle donc des difficultés plus réelles pour nos labou-reurs, que ceux du canton de Bayonne n'en trouvent habituellement à me-

ner entre les plantes de maïs *efpacées
à deux pieds*, une charrue fans coutre,
dont le foc formant un fer de lance
d'un pied de large, fait un fillon entre les rangs, & chauffe le maïs ? *Tr. de
la Cult. des Terr.* T. II, *p.* 263 & 264.
Ailleurs on eft dans l'ufage de donner
des cultures entre les plantes de
houblon, avec la charrue & des chevaux : T. VI. p. 96.

M. Duhamel obferve judicieufement
(*El. d'Agr.* Liv VI, ch. I, art. 3.) que
toutes les difficultés feroient levées fi
on pouvoit faire à bras les cultures.
Des *Pratiques locales* & des *Ufages anciens* qui fubfiftent encore, font voir
que ces travaux n'ont rien d'impoffi-
ble ni même de fort mal-aifé. « Dans
» quelques endroits du Pays d'Aunis
» on donne au bled qui eft en terre,
» deux petits labours avec cet inftru-
» ment que les jardiniers appellent
» *Béquille.* Comme cette Province eft
» très-peuplée, il en coûte peu pour
» faire donner cette façon par des fem-
» mes ; & la récolte en eft beaucoup
» meilleure, quoiqu'on détruife par
» ces labours beaucoup de pieds de
» froment » : *Culture des Terres*, T. II,

L iv

p. 31 & 32. Entre Dax & Bayonne, où nous venons de dire que l'on cultive avec une charrue & des chevaux entre les rangées de maïs, on les farcle auffi avec des pioches qui labourent profondément : *Ibid. p.* 263. Il y a d'autres endroits où « l'on eft » affez communément dans l'ufage de » donner au froment un labour à la » houe, dans les mois de Mars ou » Avril ; & cette façon augmente » beaucoup la récolte » : Tome VI, p. 96. Le tabac n'eft pareillement en état d'être récolté, qu'après avoir reçu plufieurs cultures à bras ; & il ne feroit aucun progrès fans ce fecours. *Confultez* encore le I^r Volume, p. 32; & le VIe, *p.* 45 & 270. On y voit même (*p.* 114 & 115) que les labours qui précedent les femailles fe font, dans le Comtat Venaiffin, partie à bras, partie avec l'araire : quelques payfans même les exécutent tous à bras.

Enfin les Chinois farclent trois fois leurs rizieres pendant l'été, quoiqu'ils ne puiffent le faire fans enfoncer jufqu'aux genoux : ils font ce travail avec tant de foin, qu'ils arrachent jusqu'aux racines de toutes les herbes étrangeres. *Cult. des Terr. T. II*, p. 187.

TROISIÉME DIFFICULTÉ ; *pour établir les planches & les plate-bandes.* L'imagination de M. de la Salle a fait une dépense considérable, pour travestir la pratique de cet établissement : *p.* 496 & suivantes. Et il ajoute (*p.* 506) : « Enfin tout se réduit à faire & pratiquer des grandes bandes, des planches, des petites bandes, des plate-bandes, avec la plus exacte précision, & à se servir d'un semoir, &c ». Cet assemblage de termes est presque aussi analogue à la nouvelle culture, que certain endroit d'une Comédie caractérise bien les notes de Musique en les désignant par,

« Pelle en haut, & Pelle en bas ;
» Pelle noire, Pelle blanche ;
» Pelle qui n'a point de manche ;
» Et Pelle qui n'en a pas.

Qu'est - ce en effet que ces *grandes bandes*, ces *petites bandes* ? Trouve-t-on ces termes parmi ceux dont M. Duhamel s'est servi relativement aux opérations de la Nouvelle Culture ? D'ailleurs le plan de ces opérations,

L v

tel que le décrit M. de la Salle (*p.* 496 & ſuivantes), n'eſt point du tout celui que l'on trouve dans le Iʳ Volume du *Traité de la Culture des Terres*, où M. Duhamel le donne d'après M. Tull même, *pages* 196-7-9, 200-1, 208, 209. Cependant M. de la Salle s'exprime comme s'il ne faiſoit que copier l'Auteur Anglois. L'ordre dans lequel il veut qu'on prépare le champ ; les dimenſions des planches, des plate-bandes, des ſillons ; la diſtance reſpective, tant des rangées que des grains, different eſſentiellement de ce que M. Tull preſcrit dans le Iʳ Volume du *Traité de la Culture des Terres*, le ſeul qui contienne ſon vrai Syſtême : car les autres Volumes ne rapportent que des expériences faites parmi nous, ou dans le Genevois, & ailleurs qu'en Angleterre.

M. Tull ne rend pas le travail auſſi minutieux qu'on le voit dans M. de la Salle ; qui pour lors a droit de dire que la nouvelle Culture exige qu'on ait continuellement à la main, ſoit le pied, ſoit la toiſe, & même le compas : (p. 515). Afin d'éviter que l'on ne ſoupçonne M. Duhamel d'avoir altéré en cela le sentiment de M. Tull, j'avertis que j'ai consulté l'original Anglois, où je n'ai point apperçu la loi de cette absolue précision, qui n'existe que dans le livre de M. de la Salle.

Ne dissimulant point que le premier établissement des planches & des plate-bandes dans l'étendue d'un champ, impose de la gêne jusqu'à un certain point ; parce que c'est une opération à laquelle on n'est pas habitué : nous devons assurer, d'après toutes les expériences bien faites, en grand comme en petit, que les laboureurs trouvent une facilité réelle à préparer le terrein ensuite de la récolte, quand la distinction des plate-bandes & des planches est une fois déterminée par les labours auxiliaires des unes, & les rangées des autres. Voyez le *Tr. de la Cult. des Terr.* T. IV, p. 72 & 79.

Puisqu'il ne s'agit que d'un à-peu-près, à l'égard de chaque planche & de chaque plate-bande, ensorte que si l'une est un peu plus large ou plus étroite, le défaut se rectifie naturellement par la partie voisine, & que

L vj.

l'exactitude & la préciſion de *tel nom-*
bre de plate - bandes & de planches
n'ont leur effet réel & néceſſaire que
ſur la totalité du champ : Cette opération n'eſt point un monſtre capable
d'éloigner les laboureurs qui ſçavent
conduire leur charrue avec intelligence. Car nous avons fait voir (§. VII.)
que l'on peut très - bien exécuter la
nouvelle culture avec les charrues
ordinaires. Il n'eſt pas inutile de rappeller ici qu'un habile ſemeur a tant
de préciſion & d'exactitude , qu'au
bout de la piece de terre qu'il enſe-
mence il ne reſte abſolument rien
dans ſa nappe , & que s'il ajoûtoit une
poignée de grain, elle ſeroit de trop :
Mais ce ſeroit une ſuppoſition très-
gratuite , que de dire qu'il n'y a réellement pas eu un grain de plus dans
une de ſes poignées , que dans les
autres. De même , pourvû qu'une
piece ſoit diſtribuée en *tant* de planches & de plate - bandes , faiſant enſemble *tant* de pieds; la Nouvelle Culture n'exige pas que chacune de ces
diviſions n'ait exactement que la largeur qu'elle leur aſſigne, & qu'il ne
s'y rencontre *ni plus ni moins de pouces,*

quoique M. de la Salle l'imagine ainſi,
p. 497 & 516.

Quelques *Pratiques Locales*, fort
étendues, & très-anciennes, vont ſervir à démontrer la poſſibilité, d'exécuter une ſemblable opération avec la
charrue, ou autrement, ſans beaucoup d'embarras. 1°, Il y a, en Bourgogne, des cantons, où une eſpece
de renouvellement des terres à bled,
conſiſte à y pratiquer des foſſés à 3 ou
4 toiſes de diſtance les uns des autres, larges de 4 à 5 pieds, ſur deux
ou trois de profondeur : on répand
ſur les eſpaces intermédiaires la terre
que l'on tire des foſſés ; on rabat la
crête des foſſés pour que ces eſpaces
forment un dos de bahut : puis on les
laboure avec la charrue. Voyez encore le *Manuel d'Agriculture*, p. 290.
Je demande ſi, dans ce travail où il
y a de la régularité, l'ouvrier a beſoin
de tenir continuellemment le pied &
la toiſe : il ne prend pour guides, que
ſes yeux & l'habitude. 2°, Le *labour
en planches* n'eſt pas une nouveauté qu'ait imaginée M. Tull. Cet uſage eſt preſque général pour de grandes piéces : & l'on fait les planches

plus ou moins larges, felon que le terrein eft fujet à retenir l'eau. Celui qui fçait dreffer avec la charrue ces fortes de planches, exécutera fans peine ce que **M. Tull** y a adapté. 3°, Les *Billons*, autre pratique d'ufage, font des Planches fort étroites : comme on a pour lors en vûe de deffécher la terre, on fait alternativement un billon de guéret & un fillon, ou un fond de raie. Le Laboureur adroit forme les billons plus élevés au milieu que vers les bords ; en piquant plus ou moins, & prenant plus ou moins de terre. N'y a-t-il donc point ici d'affujettiffement, de gêne, & de précifion ? J'en tire une nouvelle preuve en faveur de la poffibilité qu'il y a de furmonter l'embarras où fe trouve un laboureur la premiere fois qu'il exécute la diftribution d'un terrein en planches & plate-bandes cenfées égales & régulieres. Je dis plus ; on voit en Provence, en Italie, *&c*, des campagnes entieres, qui font à peu de chofe près, cultivées à la maniere de **M. Tull** ; cependant M. de la Salle, en tenant le langage du Payfan indolent, lui fournit des armes contre les changements qu'il veut faire à la routine. Celui qui a coutume de conduire négligemment sa charrue, trouvera des difficultés énormes & sans nombre quand on lui dira de la faire piquer à 4 ou 6 pouces *également*, dans toute l'étendue d'un champ ; & ces difficultés seront réelles, par rapport à l'habitude que ses membres ont contractée.

Comme M. Duhamel a exposé dans le VIe Volume du *Tr. de la Cult. des Terr.* & dans les *Eléments d'Agriculture*, T. I, p. 134, 471-2-3-4, tout ce qu'il convient d'observer pour établir un terrein en planches & en plate-bandes ; je ne le copierai pas ici. Je dirai seulement qu'au moyen de jalons ou piquets alignés, on trace fort droit chaque raie qui fait les divisions générales. Puis un cheval ou un boeuf, que l'on conduit dans cette raie, forme les rangées sur les planches, au moyen du semoir qu'il tire. Consultez les *Eléments d'Agriculture*, T. I, p. 139 ; & le 4e Volume du *Traité de la Culture des Terres*, p. 125. On voit aussi dans ce 4e Volume (p. 126) le moyen de faire semer par des chevaux ou des bœufs, couplés, sans qu'ils endommagent la terre des planches : ce qui est avantageux dans la premiere année ; parce que la terre n'étant pas encore bien ameublie, un seul animal y fatigue ordinairement beaucoup. Les labours auxiliaires ayant été faits à-propos depuis la levée du grain jusqu'à la récolte, on trouve les planches pour les semailles suivantes, toutes ameublies ; & les chaumes des planches récoltées servent d'alignement pour tracer droit les nouvelles rangées. C'est pourquoi il est à-propos de ne labourer ces chaumes qu'après avoir semé. Ce changement de planches en plate-bandes, & de plate-bandes en planches, se fait de même tous les ans. Voyez les *Eléments d'Agriculture*, T. I, p. 456, 457, 468. Il y a, dans l'usage ordinaire, une *ancienne Pratique* qui observe une alternative semblable ; c'est dans les terres qu'on laboure en planches : le milieu de chaque planche se trouve à l'endroit où étoient les raies qui en formoient précédemment les bords ; & le bord des nouvelles planches est au

milieu des planches de la derniere récolte.

M. Duhamel a fait encore pref-
fentir *d'Autres DIFFICULTÉS*, dans le
6e Volume de fon *Traité de la Culture
des Terres*, p. 32 & 60.

Il en conclut (*p. 32*) que chacun
doit « fçavoir appliquer à fon ter-
» rein, des principes qu'on peut re-
» garder comme affez généralement
» vrais ».

Nous croyons devoir terminer cet
article par un autre confeil de ce fage Cultivateur : qui a fait obferver
que la routine eft un torrent dont on
ne peut arrêter le cours que par degrés, & avec beaucoup de ménage-
ments ; qu'ainfi les difficultés qu'on
éprouve pour dreffer tout d'un coup
des laboureurs à cultiver le froment
fuivant les principes de M. Tull, fug-
gerent de commencer l'ufage de cette
nouvelle méthode fur des plantes
pour lefquelles on puiffe en exécuter
facilement les opérations ; & que cet
avantage fe trouve dans la culture du
fainfoin & de la luzerne. Quand les
laboureurs y feront accoûtumés, on
les trouvera plus en état d'appliquer
les mêmes principes à la culture du

froment. *Culture des Terres*, T. V, p. xxviij ; voyez encore ce que dit M. de Villiers, dans les *pages* 12 & 13 du même Volume.

§. XII.
Conclusion.

Que la méthode de M. Tull soit contraire à l'Agriculture en général, comme M. de la Salle le prétend ; c'est ce qu'on ne peut soutenir : nous avons démontré qu'un parfait ameublissement & des récoltes abondantes en sont constamment les effets. Que ce système doive être suivi seul, & substitué à tout autre ; c'est pousser trop loin sa faveur. Le véritable point de vûe est de regarder la Nouvelle Culture comme admissible ; attendu qu'elle s'accorde avec les meilleurs principes d'économie rurale, quand on en possede bien le système & qu'on l'exécute avec intelligence.

Le Paysan qui ne calcule point, ne voit dans toutes les attentions qu'exige la pratique de M. Tull, que de fréquents objets de travail & de dépense. Il ignore, & même il ne croit point, lorsqu'on le lui assure, que dans les premieres années ces frais sont inférieurs au quart ou au cinquiéme du bénéfice que produifent les labours répétés.

De deux parties de luzerne , par exemple , femées l'une en plein , l'autre par rangées ; le produit de celle-ci eft toujours plus confidérable.

Quiconque aura lû l'ouvrage de M. de la Salle , pourra s'imaginer que M. Duhamel eft un Apologifte outré de la méthode de M. Tull ; & qu'on ne trouve dans fes ouvrages , que des commentaires & des éloges de cette méthode : mais on fera bien furpris , en lifant les *Eléments d'Agriculture* de M. Duhamel , de voir que , dans les douze livres qui partagent cet ouvrage , il n'y a que le fixiéme (un des plus courts de tous) où il foit queftion de la Nouvelle Culture. Dans les autres , cet habile Cultivateur & Naturalifte éclairé , traite des diverfes parties des plantes ; je veux dire , les racines, les tiges, branches, feuilles, fleurs, fruits ; & leurs ufages : puis de la féve ; des différentes efpeces de terres ; des défrichements ; des labours ; des engrais ; de la divifion des terres , en plufieurs foles ; des cultures usitées dans différentes provinces ; des diverses façons d'ensemencer les terres ; des mauvaises herbes ; des insectes ; des maladies des grains ; des récoltes ; la maniere de nettoyer les grains ; leur conservation ; les moyens de les préserver des insectes ; les instruments du labourage, charrues, semoirs, herses, &c ; la culture du froment, du seigle, de l'épautre, de l'orge, de l'aveine, du mil ou millet, du maïs, du sarazin, &c ; les prairies, naturelles & artificielles ; les plantes & racines qui peuvent servir à la nourriture du bétail ; les plantes qu'on emploie pour les teintures & dans les manu factures, la gaude, le pastel, le safran, la garance, *&c.* Cet ouvrage est terminé par des réflexions utiles sur l'Agriculture.

Voilà bien d'autres choses que la culture de M. Tull, & que ce qui se trouve dans les ouvrages de M. de la Salle. J'ajoûte que, quand M. Duhamel a parlé de la Culture de M. Tull, il ne l'a point fait en enthousiaste. Pour être persuadé de cette vérité, il suffit de suivre, page à page, l'endroit des *Eléments d'Agriculture,* où il traite cet objet. Je vais tâcher d'en donner le précis.

La Nouvelle Culture confifte à bien préparer la terre ; à la bien ameublir par les labours, avant de femer ; enfuite à fecourir les plantes par de nouveaux labours, tandis qu'elles végetent, *p.* 440.

On laboure les feves, les haricots, le maïs, les choux, les laitues, durant le cours de leur végétation : & fans ce fecours, ces plantes ne feroient que de chétives productions. Pourquoi ne favoriferoit-on pas de même la végétation du froment, de la luzerne, &c ? *p.* 441 & fuivantes.

Ceux qui ont labouré à bras ont parfaitement reconnu la vérité des principes de la nouvelle culture. « Cependant (dit **M.** Duhamel, *p.* 440) » nous ne diffimulerons pas que cette culture prife dans toute fon éten- » due, n'eft point applicable à tou- » tes fortes de terreins ; & que, com- » me elle exige qu'on change entie- » rement les anciens ufages, [c'eft-à dire, qu'elle differe des ufages prefque généralement reçus, auxquels elle substitue des pratiques qui ne font admises que dans certains cantons ou pour quelques plantes particulieres] « il faut ne l'adopter » qu'avec beaucoup de circonspec-» tion ».

Il y a des Cultivateurs attentifs, industrieux, & intelligents, qui font parvenus à donner les labours entre les rangées de froment, avec les inftruments ordinaires du labourage. « Mais » il faut avouer que cette culture eft » tout autrement difficile, que celle » qu'on voudroit pratiquer à bras » d'hommes. C'eft pourquoi je con-» feille à tous ceux qui, ne réfidant » point dans leurs terres, ne pour-» roient pas préfider par eux-mêmes » à toutes les opérations, de ne point » la tenter ». *p.* 459.

« Il ne faut pas fe propofer de prati-» quer cette culture dans les terres » très-difficiles à labourer....... Il » n'y a point de culture qui puiffe ab-» folument convenir à toutes fortes de » terreins. Il faut qu'un propriétaire » étudie tout ce qu'on propofe pour » perfectionner la culture des terres ; » afin d'être en état de choifir la mé-

» thode qui convient le mieux à la
» nature de fon terrein . . . . J'ai
» trouvé des Cultivateurs zélés (con-
» tinue M. Duhamel) qui s'étoient
» preffés de fe procurer les inftruments
» qui conviennent pour la Nouvelle
» Culture, avant d'avoir examiné s'ils
» étoient dans le cas d'en faire ufage.
» Auffi ces inftruments étoient - ils
» reftés inutiles. En me promenant
» dans leurs domaines je voyois des
» terres très - mal labourées; où la
» bruyere, la fougere, les ajoncs fe
» montroient de toutes parts. Ces ter-
» res cultivées à-demi étoient dures,
» compactes, remplies de mottes.
» Comme on n'avoit jamais fait qu'é-
» gratigner la fuperficie, ces champs
» n'avoient point de fond : & les inf-
» truments dont on fe fervoit pour les
» labourer étoient très imparfaits . . .
» Quand vous aurez détruit les mau-
» vaifes herbes, donné du fond,
» ameubli la terre, & rempli toutes
» les conditions de l'ancienne cultu-
» re; vous effayerez, fi vous le jugez
» à propos, la nouvelle ». *p.* 460
& 461.

M. Duhamel exhorte (*p.* 484),

comme il l'a fait en plusieurs autres endroits de ses ouvrages, ceux qui voudront entreprendre la Nouvelle Culture, de ne point se proposer de l'établir d'abord en grand. « C'est, dit-il, » une chose bien difficile que de plier » les hommes, & même les animaux, » à de nouveaux usages ......*p.*485 » & 486. Les amateurs pourront faire » des essais ; & suivant le succès de » leurs premieres épreuves, ils pour-» ront avec connoissance de cause, » faire valoir de cette façon une plus » grande ou une moindre portion de » leur domaine ».

M. Duhamel termine ainsi le **VI**e livre des *Eléments d'Agriculture*, qui est le seul où il soit question de la Nouvelle Culture ; *pp.* 497 - 8 - 9. « Comme je n'ai jamais eu le plus lé-» ger intérêt, de quelque façon qu'on » veuille l'envisager, à accréditer la » Nouvelle Culture, je conviendrai » volontiers que les difficultés se mul-» tiplient à mesure qu'on veut la pra-» tiquer plus en grand. Un Paysan n'é-» prouvera aucun embarras à la prati-» quer lui - même ; & sûrement il se » procurera des avantages réels.. Le
Fermier

» Fermier, qui doit faire presque tou-
» tes ses opérations avec les charrues,
» y trouvera plus d'embarras ; quoi-
» qu'au fond nous ne changions pres-
» que rien à la pratique ordinaire,
» puisque nous ne faisons qu'interpo-
» ser la jachère entre les rangées de
» froment.......... Ainsi la difficulté
» se réduit à avoir l'adresse d'exécuter
» les labours dans des plate-bandes
» qui ont tout au plus trois pieds &
» demi de largeur. Mais il y a des cir-
» constances où cette culture ne peut
» avoir lieu : par exemple, lorsqu'un
» champ qui est tout en froment ap-
» partient à différents propriétaires,
» les labours d'été ne peuvent y être
» faits sans causer du dommage aux
» voisins, ou sans perdre beaucoup
» de terrein, sur-tout quand les pieces
» sont petites : car il faut, aux deux
» bouts de la piece, un espace pour
» tourner la charrue. 2° ; Cette cul-
» ture est tout-à-fait impraticable
» dans les cantons où la pâture grasse
» & le parcours sont établis. Enfin
» quand on pratique cette culture
» dans l'année où les terres voisines
» sont en froment, tout va assez bien :

M

» mais la ſeconde année , quand les
» terres du voiſinage ſont en mars ;
» & la ſuivante , quand elles ſont en
» jachère , le champ cultivé ſuivant
» les nouveaux principes ſe trouve
» ſeul en froment , & devient la pâ-
» ture des oiſeaux : cet inconvénient
» eſt plus conſidérable qu'on ne ſe
» l'imagine ».

Dans le IIᵉ Volume du *Traité de la Culture des Terres* , après avoir dit (*p.* 28 & 29), que le but qu'on doit ſe propoſer dans la nouvelle culture , étant de rendre la terre meuble à une grande profondeur , il *eſt indifférent quel moyen on emploie* pourvû qu'on parvienne à ce point ; . . . . & que chacun doit eſſayer d'y parvenir, par les moyens les plus commodes ; ce Sçavant , plein de modeſtie & de candeur, avertit (dans la *p.* 279) que
« les bons obſervateurs feront très-
» bien de varier les pratiques , & de
» tenter tous les moyens qui leur pa-
» roîtront propres à perfectionner la
» culture des terres ; car (ajoute-
» t-il) nous ſommes bien éloignés de
» penſer qu'on ne puiſſe rien trouver
» de mieux que ce que nous avons

ʒʒ propofé ʒʒ. M. Duhamel s'expri-
moit ainfi dans le temps même où fes
propres fuccès, & plufieurs autres déjà brillants, pouvoient fuffire à accréditer la Nouvelle Culture, & donner
un grand avantage à une perfonne qui
auroit plus fuivi fon imagination &
fes intérêts, que confulté le Bien
public. Auffi développe-t-il la beauté
de fes fentiments, dans la Préface du
IIIᵉ Volume, en difant (*p.* l & lj) :
« Notre intention n'eſt pas de préten-
ʒʒ dre que l'on doive appliquer notre
ʒʒ culture à toutes fortes de terreins
ʒʒ & à toutes fortes de plantes. [Confultez la 129ᵉ *page* du même Volume]. « Nous ne nous fommes pro-
ʒʒ pofé que de faire naître des idées
ʒʒ aux Amateurs d'agriculture ; & nous
ʒʒ leur laiffons la liberté de particula-
ʒʒ rifer, fuivant les circonftances,
ʒʒ les vûes génerales que nous propo-
ʒʒ fons. On peut remarquer que les
ʒʒ principes d'agriculture répandus
ʒʒ dans nos trois Volumes, ainfi que
ʒʒ les expériences qui en démontrent
ʒʒ la vérité, ne font préfentés au Pu-
ʒʒ blic que relativement aux avanta-
ʒʒ ges qui en doivent réfulter pour le

» bien des Particuliers. Nous aurions
» à nous reprocher d'avoir fait valoir
» ces recherches d'agriculture partout
» autre motif que celui qui nous ani-
» me, & qui doit être assez puissant
» pour animer tout bon Citoyen, par
» la liaison indispensable que ces re-
» cherches ont avec le bien public ».
Voyez aussi la 438ᵉ page du IVᵉ Volume; le T. V, *p.* 260 & 261; dans
le VIᵉ enfin, les pages 5 & 54.

Je crois que l'on ne peut desirer
rien de plus fort que ces témoignages
qui contiennent les vrais sentiments
de l'illustre Académicien si mal traité
par M. de la Salle. J'ai déjà dit, &
prouvé, que celui-ci n'a pas lû les
ouvrages dont il a fait une critique
pleine de fiel. Il semble avoir simplement rassemblé des propos populai-
res, pour en devenir l'echo. Les Paysans négligens & mal intentionnés
peuvent lui sçavoir gré d'avoir parlé
pour eux: les laboureurs dont l'intelligence & le goût tendent à perfectionner l'Agriculture, continueront
à suivre les bons principes, & à profiter des lumieres répandues dans les
écrits dont ils auront connoissance.

Les Amateurs de quelque rang qu'ils soient, estimeront toujours les ouvrages que **M.** Duhamel a publiés sur cette matiere ; ils sçauront y distinguer l'intention d'être généralement utile, le désintéressement de l'Auteur, son zele, son activité, le discernement avec lequel il a disposé les faits qui lui étoient transmis pour son Journal d'Expériences, la sagesse avec laquelle il s'est expliqué sur une matiere si capable de favoriser l'enthousiasme. En estimant donc les talents & la conduite de **M.** Duhamel, il n'y aura personne qui ne soit disposé à lui rendre les honneurs dûs à un excellent Homme.

FIN

APPROBATION.

J'Ai lu par ordre de Monseigneur le Vice-Chancelier un Manuscrit qui a pour titre : *Défense de plusieurs Ouvrages sur l'Agriculture*, &c. Je crois que le Public, & principalement les Cultivateurs sçauront gré à l'Auteur d'avoir pris la défense des Ouvrages qu'ils ont fort accueillis & où ils ont reconnu l'Art de l'Agriculture réduit à ses vrais principes, & des Méthodes ou Manœuvres nouvelles ou renouvellées ou perfectionnées, qui sont fondées sur la Physique expérimentale, constatées par des observations nombreuses, communiquées par amour du bien public & pour la plûpart suffisamment prouvés praticables & utiles par les succès de ceux qui les ont adoptées dans les lieux & avec les précautions convenables. Je pense qu'on doit permettre l'Impression de cette Défense des Ouvrages & des sentimens de nos modernes Triptolèmes ; qui est aussi celle du vrai, de l'utile, des bonnes intentions & des travaux désintéressés. A Paris, ce 16. Janvier 1765.

Signé LE BEGUE DE PRESLE.

PRIVILEGE DU ROI.

LOUIS, PAR LA GRACE DE DIEU, ROI DE FRANCE ET DE NAVARRE : A nos amés & féaux Conseillers les Gens tenant nos Cours de Parlement, Maîtres des Requêtes ordinaires de notre Hôtel, Grand-Conseil, Prevôt de Paris, Baillifs, Sénéchaux, leurs Lieutenans Civils & autres nos Justiciers qu'il appartiendra, SALUT. Notre amé H. L. GUERIN - Libraire Imprimeur à Paris, Nous a fait exposer qu'il désireroit faire imprimer & donner au public un Ouvrage qui a pour titre : *Défense de plusieurs Ouvrages sur l'Agriculture, & principalement de ceux de MM. Duhamel, Tillet, & Pattullot, par M. de la Marre*, s'il Nous plaisoit lui accorder nos Lettres de Permission pour ce nécessaires. A ces causes voulant favorablement traiter ledit Exposant, Nous lui avons permis & permettons par ces Présentes de faire imprimer ledit Ouvrage autant de fois que bon lui semblera, & de le vendre, faire vendre & débiter par tout notre Royaume pendant le tems de trois années consécutives à compter du jour de la datte des Présentes. Faisons défenses à tous Imprimeurs, Libraires & autres personnes de quelque qualité & condition qu'elles soient d'en introduire d'impression étrangere dans aucun lieu de notre obéissance, à la charge que ces Présentes seront enregistrées tout au long sur le Registre de la Communauté des Imprimeurs & Libraires de Paris dans trois mois de la datte d'icelles, que l'impression dudit Ouvrage sera faite dans notre Royaume & non ailleurs, en bon papier & beaux caractères, conformément à la feuille imprimée attachée pour modele sous le contre-scel des Présentes ; que l'Impétrant se conformera en tout aux Réglemens de la Librairie, & notamment à celui du dix Avril 1725 : qu'avant de l'exposer en vente, le Manuscrit qui aura servi de Copie à l'impression dudit Ouvrage sera remis dans le même état où l'Approbation y aura été donnée, ès mains de notre très-cher & féal Chevalier Chancelier de France le sieur DE LAMOIGNON, & qu'il en sera ensuite remis deux exemplaires dans notre Bibliothéque publique, un dans celle de notre Château du Louvre, un dans celle dudit sieur DE LAMOIGNON, & un dans celle de notre très - cher & féal Chevalier Vice-Chancelier & Garde des Sceaux de France, le sieur DE MAUPEOU : le tout à peine de nullité des Présentes ; du contenu desquelles vous mandons & enjoignons de faire jouir led. Exposant & ses ayans causes pleinement & paisiblement, sans souffrir qu'il leur soit fait aucun trouble ou empêchement. Voulons qu'à la Copie des Présentes qui sera imprimée tout au long au commencement ou à la fin dudit Ouvrage, foi soit ajoutée comme à l'Original. Commandons au

premier notre Huissier ou Sergent sur ce requis, de
faire pour l'exécution d'icelles tous Actes requis &
nécessaires, sans demander autre permission, & nonobstant Clameur de Haro, Charte Normande, &
Lettres à ce contraires ; Car tel est notre plaisir. Donné à Paris le vingt-septieme jour du mois de Février,
l'an de grace mil sept cens soixante-cinq, & de notre
Regne le cinquantieme. Par le Roi en son Conseil.   LE BEGUE.

*Regiftré sur le Regiftre XVI. de la Chambre
Royale & Syndicale des Libraires & Imprimeurs de Paris, n°. 480. fol. 270. conformément au Réglement de 1723. A Paris ce 8.
Mars 1765.* LE BRETON, *Syndic.*

www.ingramcontent.com/pod-product-compliance
Lightning Source LLC
LaVergne TN
LVHW010949180726
843502LV00004B/1131